NEDOレポート

解説
レアメタル

国立研究開発法人 新エネルギー・産業技術総合開発機構 編

日刊工業新聞社

刊行によせて

　レアアースを含むレアメタルは、情報家電、自動車、工作機械などの高機能製品の製造に欠かせない機能性部材に利用されており、日本のものづくり産業にとって欠かすことのできない材料です。しかし日本はその供給量のほとんどすべてを輸入に頼っており、また元素によっては特定の資源国からの輸入に依存しているため、中長期的な安定供給確保に対する懸念が拭い切れません。

　私ども、国立研究開発法人 新エネルギー・産業技術総合開発機構（NEDO）は、日本最大級の公的研究開発マネジメント機関として2007年度（平成19年度）から「希少金属代替省エネ材料開発プロジェクト」を立ち上げ、「代替材料開発」「使用量の削減」「リサイクル」の観点から、レアメタルの安定確保に貢献する技術の開発を進めてまいりました。これは資源を持たない日本が、レアメタルの資源リスクに対して「技術という資源」で立ち向かった取り組みといえます。

　このプロジェクトに並行して、レアメタルを取り巻く需給状況動向や各国の政策動向を調査する事業を、2005年度（平成17年度）から継続的に行ってまいりました。本書はその調査結果をもとに、代表的なレアメタルの現状と、今後、日本が取るべき方針について、わかりやすくまとめたものです。

　本書が、レアメタルの需給動向や資源確保にむけた世界の動向について御理解いただく一助となるとともに、関係者の皆様にとって、今後の取り組みの参考になることを期待します。

平成28年2月
　　　国立研究開発法人　新エネルギー・産業技術総合開発機構
　　　　　　　　　　　　　　　　　　　理事長　古川　一夫

はじめに

　平成27年3月、世界貿易機関（WTO）紛争小委員会は日本、アメリカ、EUそれぞれから提出された中国のレアアースなどの輸出規制の問題に関して報告書を提出し、中国側の措置はWTOの協定に違反する措置であると結論付けた。本件は、平成22年尖閣諸島での中国漁船との衝突事件を機に起こった。

　そこでNEDOでは、平成18年度から定期的に、希少金属のリスク調査を実施元素ごとに調査を行うことにより現況を把握し、状況変化に応じた研究開発実施の判断や、研究開発対象とする元素の選定などを行い運営に活用してきた。

　過去に実施された調査結果をまとめ、本プロジェクトの成果を広く一般に周知し、さらに現在のレアメタルを取り巻く状況を整理し、今後の材料の技術開発の方向性を示すことを目的として、本書を発刊することとした。

　本書の概要は以下のとおりである。
　第1章「必要不可欠なレアメタル」では、レアメタルの概要、日米欧各国のレアメタル受給問題に対する対応に関して説明した。
　第2章「求められるレアメタル」では、白金族（PGM）、希土類（REE）、タンタル（Ta）、タングステン（W）を取り上げて、用途側の観点から解説した。
　第3章「レアメタルを取り巻く世界の動き」では各レアメタルの埋蔵量および生産量、各国のレアメタルに関する政策、日本への影響などを解説した。
　第4章「レアメタルの実情」では各レアメタルのマテリアルフロー

（原料から最終製品までのフロー）を例示し、レアメタルがどのように使用され、どのような製品となるかを示した。

　第5章「視点を変える」では日本が今後取り組むべき技術開発の方向性を示した。

　本書は現在のレアメタルを取り巻く状況を、データをもとに詳しく解説した。

　一般の方々のレアメタルへの理解、または材料研究に携わる学生、技術者、研究者の活動の一助になれば幸いである。

　　　　　　国立研究開発法人　新エネルギー・産業技術総合開発機構
　　　　　　電子・材料・ナノテクノロジー部
　　　　　　　　　　　　　　　　　　部長　山崎　知巳

目　次

刊行によせて …………………………………………………………………… 1
はじめに ………………………………………………………………………… 2

第 1 章　必要不可欠なレアメタル

1-1　レアメタルとは ……………………………………………………… 10
1-2　レアメタル資源の特性 ……………………………………………… 17
1-3　日本の需給政策 ……………………………………………………… 24
1-4　アメリカ・EU の動向 ……………………………………………… 27
　　　1-4-1　アメリカ ……………………………………………………… 27
　　　1-4-2　EU の動向 …………………………………………………… 34

第 2 章　求められるレアメタル（需要）

2-1　白金族金属 …………………………………………………………… 41
　　　2-1-1　白金族金属が求められている用途と需要 ……………… 42
　　　2-1-2　主用途で求められる白金族金属の機能 ………………… 46
　　　2-1-3　白金族金属は最終製品としてどのように使われているか ……… 49

2-2 レアアース（ランタン、セリウム、ネオジム、
　　ユウロピウム・テルビウム、ジスプロシウム、イットリウム）……… 53
　　2-2-1　レアアースが求められている用途と需要……………………… 53
　　2-2-2　主用途で求められるレアアースの機能………………………… 62
　　2-2-3　レアアースは最終製品としてどのように使われているか…… 64

2-3 タンタル ……………………………………………………………………… 66
　　2-3-1　タンタルが求められている用途と需要………………………… 67
　　2-3-2　主用途で求められるタンタルの機能…………………………… 69
　　2-3-3　タンタルは最終製品としてどのように使われているか……… 72

2-4 タングステン ………………………………………………………………… 72
　　2-4-1　タングステンが求められている用途と需要…………………… 73
　　2-4-2　主用途で求められるタングステンの機能……………………… 75
　　2-4-3　タングステンは最終製品としてどのように使われているか… 76

第3章　レアメタルを取り巻く世界の動き（供給）

3-1 白金族金属（白金・パラジウム・ロジウム）……………………………… 80
　　3-1-1　世界埋蔵量………………………………………………………… 80
　　3-1-2　世界生産量および鉱山の状況…………………………………… 81
　　3-1-3　日本への供給は問題ないか―白金族金属の確保策―………… 84

3-2 希土類（ランタン、セリウム、ネオジム、
　　ユウロピウム・テルビウム、ジスプロシウム、イットリウム）……… 93
　　3-2-1　世界埋蔵量………………………………………………………… 93
　　3-2-2　世界生産量および鉱山の状況…………………………………… 94
　　3-2-3　日本への供給は問題ないか―希土類の確保策―……………… 96

3-3 タンタル……………………………………………………………… 109
　　3-3-1　世界埋蔵量……………………………………………… 109
　　3-3-2　世界生産量および鉱山の状況…………………………… 109
　　3-3-3　日本への供給は問題ないか―タンタルの確保策―…… 111

3-4 タングステン…………………………………………………… 113
　　3-4-1　世界埋蔵量……………………………………………… 113
　　3-4-2　世界生産量および鉱山の状況…………………………… 114
　　3-4-3　日本への供給は問題ないか―タングステンの確保策―… 116

第4章　レアメタルの実情（マテリアルフローと将来の工業材料）

4-1 白金族（白金・パラジウム・ロジウム）……………………… 129
　　4-1-1　マテリアルフロー………………………………………… 129
　　4-1-2　世界需給見通し………………………………………… 132
　　4-1-3　将来の工業材料にどのように活用できるか…………… 139

4-2 希土類（ランタン、セリウム、ネオジム、
　　　　　ユウロピウム・テルビウム、ジスプロシウム、イットリウム）…… 143
　　4-2-1　希土類をどのように活用できるか……………………… 143
　　4-2-2　ランタンのMF、需給見通し、工業材料への活用法… 145
　　4-2-3　セリウムのMF、需給見通し、工業材料への活用法… 147
　　4-2-4　ネオジムのMF、需給見通し、工業材料への活用法… 148
　　4-2-5　ユウロピウム・テルビウムのMF、需給見通し、
　　　　　　工業材料への活用法……………………………………… 150
　　4-2-6　ジスプロシウムのMF、需給見通し、工業材料への活用法・154
　　4-2-7　イットリウムのMF、需給見通し、工業材料への活用法…… 156

- 4-3　タンタル ………………………………………………………… 157
  - 4-3-1　マテリアルフロー ………………………………………… 157
  - 4-3-2　世界需給見通し …………………………………………… 158
  - 4-3-3　将来の工業材料にどのように活用できるか …………… 159
- 4-4　タングステン …………………………………………………… 160
  - 4-4-1　マテリアルフロー ………………………………………… 160
  - 4-4-2　世界需給見通し …………………………………………… 162
  - 4-4-3　将来の工業材料にどのように活用できるか …………… 162

第5章　視点を変える

- 5-1　用途 ………………………………………………………………… 166
- 5-2　資源の有効利用（代替材料技術、使用量削減材料技術、有効利用技術） ……………………………………………………… 169
- 5-3　循環使用 …………………………………………………………… 170
- 5-4　世界の動き ………………………………………………………… 177
  - 5-4-1　EUからの循環経済の提案 ………………………………… 177
  - 5-4-2　中国からの希土類元素標準化の提案 ……………………… 179
- 5-5　レアメタル危機は乗り越えたか ………………………………… 179

コラム

レアメタルの供給問題のボトルネック……………………………………14

海底資源を当てにしてもレアメタル問題は解決しない…………………22

資源供給制約が大きいレアメタル…………………………………………44

技術制約が大きいレアメタル………………………………………………50

環境制約が大きいレアメタル………………………………………………70

レアメタルの本質的な価値（Value of Nature）を理解して
　　ボトルネックの解消を目指せ………………………………………90

レアメタルの使用量削減や代替材料の開発は
　　必ずしも良くない？　〜セリウム〜………………………………106

レアメタルのリサイクルの重要性………………………………………140

日本に必要なレアメタル対策〜人的資源の育成が最も重要〜………152

レアメタルの光と影………………………………………………………174

参考文献 …………………………………………………………………182

NEDO 希少金属代替材料開発プロジェクトの成果 …………………186

NEDO「希少金属代替材料開発等の調査検討委員会」メンバー…190

第1章

必要不可欠なレアメタル

1-1 レアメタルとは

　現在は「レアメタル」という言葉が市民権を得て、あまりこれまで金属材料に関わらなかった一般の人にまで浸透している。ただ、レアメタルの定義は広範で都合が良い分、人によってはあいまいであり、具体的な対策を検討する場合には優先順位などを明確に認識しにくい場合がある。

　レアメタルの捉え方は立場に寄って大きく変わる。資源エネルギー庁で所管の総合資源エネルギー調査会鉱業分科会レアメタル部会では、以前備蓄を行っていたニッケル（Ni）、クロム（Cr）、コバルト（Co）、マンガン（Mn）、タングステン（W）、モリブデン（Mo）、バナジウム（V）、インジウム（In）、ガリウム（Ga）の7鉱種と追加2鉱種に、白金（Pt）、レアアースなどを加えて31鉱種をレアメタルとしている。日本のレアメタルを周期表に記載したものを図1-1に示す。ただ、従来の備蓄7鉱種は、鉄鋼の添加元素としての必要量が大きく、一般のレアメタルのイメージとは異なる。多くの人々のレアメタルに対するイメージは、元素としての発見が新しくかつ資源量が少なく、そのためにコストが高く生産量が少ないということであろう。後ほど詳細に示すが、一般に使用例としては磁石に使用されるネオジム（Nd）、ジスプロシウム（Dy）などの希土類金属がすぐにイメージされる。ただ、この31鉱種の指定は、日本独自の対応であり、学術的にはほとんど意味を持っていない。したがって、国際学会において英語で"Rare Metal"といっても通用しないのは当たり前である。

　EUでは主に"Minor Metals"が普通であった。日本が火をつけた感があるこの分野では、"Critical Metals[1]"、"Critical Materials[2]"などの言い方で欧米でも注目されている。元々アメリカは資源セキュリティには厳しい国であり、日本より古く"Critical Minerals[3]"の提案を

第1章　必要不可欠なレアメタル

元素の周期表

レアメタル31鉱種

（レアアースは17元素で1鉱種）

族 / 周期	I A	II A	III B	IV B	V B	VI B	VII B	VIII (4周期) (5・6周期)			I B	II B	III A	IV A	V A	VI A	VII A	O
	アルカリ族	アルカリ土族	希土族	チタン族	バナジウム族	クロム族	マンガン族	鉄族 白金族			銅族	亜鉛族	アルミニウム族	炭素族	窒素族	酸素族	ハロゲン族	不活性ガス族
1	1 H 水素																	2 He ヘリウム
2	3 Li リチウム	4 Be ベリリウム											5 B ホウ素	6 C 炭素	7 N 窒素	8 O 酸素	9 F フッ素	10 Ne ネオン
3	11 Na ナトリウム	12 Mg マグネシウム											13 Al アルミニウム	14 Si ケイ素	15 P リン	16 S イオウ	17 Cl 塩素	18 Ar アルゴン
4	19 K カリウム	20 Ca カルシウム	21 Sc スカンジウム	22 Ti チタン	23 V バナジウム	24 Cr クロム	25 Mn マンガン	26 Fe 鉄	27 Co コバルト	28 Ni ニッケル	29 Cu 銅	30 Zn 亜鉛	31 Ga ガリウム	32 Ge ゲルマニウム	33 As ヒ素	34 Se セレン	35 Br 臭素	36 Kr クリプトン
5	37 Rb ルビジウム	38 Sr ストロンチウム	39 Y イットリウム	40 Zr ジルコニウム	41 Nb ニオブ	42 Mo モリブデン	43 Tc テクネチウム	44 Ru ルテニウム	45 Rh ロジウム	46 Pd パラジウム	47 Ag 銀	48 Cd カドミウム	49 In インジウム	50 Sn スズ	51 Sb アンチモン	52 Te テルル	53 I ヨウ素	54 Xe キセノン
6	55 Cs セシウム	56 Ba バリウム	57～71 ランタノイド	72 Hf ハフニウム	73 Ta タンタル	74 W タングステン	75 Re レニウム	76 Os オスミウム	77 Ir イリジウム	78 Pt 白金	79 Au 金	80 Hg 水銀	81 Tl タリウム	82 Pb 鉛	83 Bi ビスマス	84 Po ポロニウム	85 At アスタチン	86 Rn ラドン
7	87 Fr フランシウム	88 Ra ラジウム	89～103 アクチノイド															

レアアース (RE)

図1-1　レアメタル部会指定のレアメタル31種（総合資源エネルギー調査会鉱業分科会のまとめ）

図1-2　クリティカルメタルの影響を示すツリー
(金属鉱物、フェロアロイ、銅、鉛・亜鉛、アルミニウム、その他の非鉄金属地金)

行っていた。いずれにせよ、欧米では資源セキュリティの感覚が強い。その点を見落としては、レアメタルの代替材料開発、リサイクルも最終目的を失うことになる。

　特にレアメタルを使用した機能性材料、その材料を使用した高度な工業製品の生産は国の基幹産業になる場合が多く、産業的には重要な意味を持つ。NEDOがレアメタル調査した最近の結果をもとに、日本のレアメタル素材—材料—最終製品の売り上げの総計をツリー状に並べたものを図1-2に示す。これから、素材だけではたかだか17兆円、材料でも42兆円であるが、最終製品に関わる産業の総売上は100兆円にも達していた。当然であるが、素材→材料→最終製品と高度になるほど出荷価格は大きくなり、特に部材と最終製品の間で大きな飛躍がある。そこに大きな付加価値のあることがわかる。いかに日本がレアメタルを含む金属素材の恩恵を受けているかが理解できる。この小さな経済分野が大きな経済活動を行っている分野に直接、間接的に関わっていることが「レア

メタルショック」を生んだともいえる。

　例として挙げれば、希土類元素のネオジムとジスプロシウムは現在実用レベルでもっとも強力な永久磁石であるNd-Fe-B系磁石の原材料であり、そのほぼ100%を中国からの輸入に依存している。その後、輸入されたそれら原材料を用いて国内でNd-Fe-B系磁石が製造され、省エネ家電製品やハイブリッド車にモーターとして使用されている。地球環境問題を考えるとこれからも大きく需要が伸びる製品と予想され、産業上非常に重要な位置づけとなる。要は、クリティカルメタルそのものの産業としての規模は大きくないが、それが関わる製品の裾野が広く、どちらかというと日本の基幹産業の製品に使用され、その結果産業構造上欠かすことができない原材料といえる。特にレアメタルは「産業のビタミン」とも称せられるが、供給が止まると製造業を中心とした産業活動が麻痺する可能性が高い。

　ここで、再確認しておきたいが、レアメタルは必ずしも資源量が少ないわけではない。表1-1に地殻中の元素の存在量を示す[4]。もちろん正確な値ではないが、概ね順位は変わらないといえる。この表から見るとセリウム（Ce）、イットリウム（Y）、ランタン（La）、ネオジム（Nd）などの軽希土類元素は、従来、「ベースメタル」と呼ばれている銅（Cu）、亜鉛（Zn）とほぼ同じレベルであり、鉛（Pb）より大きな値を持っている。この事実から見てもレアメタルは必ずしも本質的な資源量と結びついてないことがわかる。それでは、一体どんな金属をレアメタルと呼んでいるのであろうか。主に表1-2のようにグループ分けできる。

　この中である意味やっかいなのが、⑤であり、本当に重要なのは①と考えられる。このような分類を考えると、日本でレアメタル指定はされていないが、金、銀の貴金属やスズ（Sn）などもレアメタルに入れてもおかしくない。これらの金属は、貴金属を除くと市場規模が小さいので世界経済の中で投機の対象となりやすく、その素材、材料が持つ本質

レアメタルの供給問題のボトルネック

　レアメタルの生産と供給に関するボトルネックについて考えるにあたって、考慮しなければならない主な項目は以下の3点である。

①資源供給制約（Resource Supply Restriction）
②技術制約（Technological Restriction）
③環境制約（Environmental Restriction）

　上記の①②③の制約は、それぞれ独立して存在するのではなく、レアメタルの生産を商業化するにあたっては、互いに密接に関連している。要するに、上記①②③の制約すべてを解決することが不可欠である。

　しかし、最近の海底レアアース泥の報道の事例からもわかるように、日本では①の資源供給制約のみでレアメタルのボトルネックを議論する事例が多い。ボリビアのウユニ湖からのリチウム（Li）の採取・製錬の可能性も、②の技術制約や③の環境制約を無視して、①のみが報道されている典型的な事例の一つである。

　技術が進歩すれば、深い深度の地底の資源を利用できるようになり、

また、品位が低い鉱石の利用も可能となる。このように、技術の進歩が利用可能な資源量を増大させ、資源供給制約というボトルネックを解消する場合もある。

レアメタルは、分離精製の過程で有害な廃棄物が発生する場合が多く、現在の技術では廃棄物処理に多大のコストがかかる。このため、環境規制により廃棄物処理を実施できる国や地域には制約が多い。今後、有害物の処理技術が進歩すれば、環境制約がなくなり、有害物を含むレアメタルの鉱石や原料が国境を越えて移動する事例が増えるであろう。

レアアースについては、資源埋蔵量の制約面ばかりに目が向けられているが、溶媒抽出や溶融塩電解のプラントが中国に一極集中しボトルネックとなっていることの方が著者からみれば大きな問題である。今後、これらの製錬プラントの偏在が、レアアース供給のボトルネックとして深刻な問題となる可能性が高い。

レアメタルの供給については、資源の埋蔵量が制約となっている事例よりも、採掘や製錬の技術や環境破壊が制約要因（ボトルネック）になっている事例の方がむしろ多いことを認識するべきである。

ボリビアのウユニ湖

表1-1 地殻中の元素の存在量

元素名		地殻存在度(ppm)	元素名		地殻存在度(ppm)
ケイ素	(Si)	227,200	ベリリウム	(Be)	2.0 〜 2.8
アルミニウム	(Al)	80,000 〜 81,350	エルビウム	(Er)	2.8
鉄	(Fe)	50,000 〜 58,000	タンタル	(Ta)	2.0
カルシウム	(Ca)	36,300	ヒ素	(As)	1.8 〜 2.0
ナトリウム	(Na)	28,300	スズ	(Sn)	1.5 〜 2.0
マグネシウム	(Mg)	20,900 〜 27,700	ウラン	(U)	1.6 〜 1.8
カリウム	(K)	16,800 〜 25,900	ゲルマニウム	(Ge)	1.5
チタン	(Ti)	4,400 〜 8,600	モリブデン	(Mo)	1.2 〜 1.5
マンガン	(Mn)	950 〜 1,000	タングステン	(W)	1.0 〜 1.5
バリウム	(Ba)	425	ホルミウム	(Ho)	1.2
ストロンチウム	(Sr)	375	ユーロビウム	(Eu)	1.2
バナジウム	(V)	135 〜 170	テルビウム	(Tb)	0.8
ジルコニウム	(Zr)	82 〜 165	ルテチウム	(Lu)	0.5
クロム	(Cr)	96 〜 100	タリウム	(Tl)	0.5
ルビジウム	(Rb)	90	ツリウム	(Tm)	0.5
ニッケル	(Ni)	72 〜 75	ビスマス	(Bi)	0.2
亜鉛	(Zn)	70	カドミウム	(Cd)	0.2
セリウム	(Ce)	60	アンチモン	(Sb)	0.1
銅	(Cu)	55 〜 58	インジウム	(In)	0.1
イットリウム	(Y)	33	銀	(Ag)	0.07 〜 0.08
ランタン	(La)	30	水銀	(Hg)	0.02 〜 0.08
ネオジウム	(Nd)	28	パラジウム	(Pd)	0.01
コバルト	(Co)	25 〜 28	テルル	(Te)	0.01
スカンジウム	(Sc)	22	ルテニウム	(Ru)	0.01
リチウム	(Li)	20	白金	(Pt)	0.005 〜 0.01
ニオブ	(Nb)	20	ロジウム	(Rh)	0.005
ガリウム	(Ga)	15	金	(Au)	0.002 〜 0.004
鉛	(Pb)	10 〜 13	レニウム	(Re)	0.001
ホウ素	(B)	7 〜 10	イリジウム	(Ir)	0.001
プラセオジム	(Pr)	8.2	オスミウム	(Os)	0.001
トリウム	(Tr)	7.2	ポロニウム	(Po)	存在
サマリウム	(Sm)	6.0	アスタチン	(At)	存在
ガドリニウム	(Gd)	5.4	フランシウム	(Fr)	存在
ジスプロシウム	(Dy)	4.8	ラジウム	(Ra)	存在
セシウム	(Cs)	3.0	アクチニウム	(Ac)	存在
ハフニウム	(Hf)	3.0	プロトアクチニウム	(Pa)	存在
イッテルビウム	(Yb)	3.0			

的な価値よりも価格が大きく外れる。したがって、使用する側において
は、大変リスクの高い原材料となり、実際に使いにくい素材となる。こ
のイメージがあるために需給に関する対応策も間違いが起こりやすい。

表1-2　レアメタルの供給特性によるグループ分け

グループ	特性	金属
①	本質的に資源量が希少である	白金族金属（PGM）など
②	実用素材の製造が困難で供給が少ない	チタン（Ti）、タンタル（Ta）、ニオブ（Nb）などの高融点金属など
③	自然による濃縮作用がなく、専用の鉱石がほとんど存在せず、副産物で産出される	インジウム（In）、ガリウム（Ga）、スカンジウム（Sc）など
④	実用材料での使用量が少なく、絶対量が必要でない金属など	セレン（Se）、テルル（Te）、ビスマス（Bi）
⑤	特定の国で産出もしくは生産されており、そのため供給リスクの可能性が高い金属など	希土類元素（REES）、タングステン、アンチモン（Sb）

1-2 レアメタル資源の特性

　この本ですべてのレアメタルについて資源の特性を述べるのは、困難であるので、多くの方が興味を持っている代表的なレアメタルについて簡単にまとめる。

希土類元素

　希土類元素は、レアメタルの典型である。どのタイプかというと、資源の絶対量は十分であるが生産国に大きな偏りがあるレアメタルである。このようなタイプは他にニオブ、タンタル、タングステンなどが挙げられる。また、他の鉱種と違い、連産品を考えなくてはならない。

　一般に「希土類元素」と総称するとスカンジウムからランタノイド系すべてを含め、原子量の順に軽希土類、中希土類、重希土類に分けることが多い。通常の鉱石では軽希土類であるセリウム、ランタンの割合が多く、ジスプロシウム、テルビウムなど重希土類は割合が少ない。この数年、供給の安定性が問題視されるのはジスプロシウムなどの重希土類

表1-3　レアアースの世界埋蔵量（2014年、酸化物換算）

資源国	埋蔵量（千t）	内訳（％）
中国	55,000	42
その他諸国	41,000	32
ブラジル	22,000	17
オーストラリア	3,200	2
インド	3,100	2
アメリカ	1,800	1
マレーシア	30	0
不明分	3,870	3
世界計	130,000	100

（出典：USGS 2015からMCTR作成）

である。唯一中国南部に存在するイオン吸着鉱は比較的重希土類の割合が高いことで知られるが、本質的に希土類元素17種をバランスよく総合的に有効な利用を考えるべき鉱種である。

　表1-3に埋蔵量ベースの資源量、表1-4に生産量ベースの埋蔵量を示す。埋蔵量ベースでみると比較的世界全般に渡っていることがわかる。ただ、生産量ベースでは、見かけ上、レアメタル危機が終了した現在も、中国一辺倒である。もちろん多くの努力によって中国以外の鉱山開発がなされたが、開発中から予想された通り、中国からの安価な原料、素材が提供されるようになり、多くの開発は計画のまま棚上げされている。わずかにオーストラリアのライナス社が日本の支援のもと、マウント・ウェルド鉱山を開発しマレーシアでレアアースの製造を継続している。以前、一度閉山したモリコープ社がアメリカのマウンテンパス鉱山を再開しようとしたが、再度休止になっている。これらの理由は、当然中国での安価な生産に市場経済で勝てないためであるが、その最大のポイントは、採掘から製錬に至る過程での環境コストの差にあるといえる。

　まず、古くから開発されている中国の軽希土類中心の鉱山である白雲鄂博（Bayan Obo）鉱山は、本来鉄鉱石の鉱山であり、希土類元素はそ

表1-4 レアアースの世界生産量（2014年、酸化物換算）

鉱石生産国	2013年 （t）	2014年 （t）	2014年内訳 （%）	Rserves （埋蔵量）
中国	95,000	95,000	86	55,000,000
アメリカ	5,500	7,000	6	1,800,000
インド	2,900	3,000	3	3,100,000
オーストラリア	2,000	2,500	2	3,200,000
ロシア	2,500	2,500	2	
タイ	800	1,100	1	NA
マレーシア	180	200	0	30,000
ベトナム	220	200	0	
ブラジル	330	—	—	22,000,000
不明分、推計誤差	570	−1500	−1	41,000,000
世界計	110,000	110,000	100	130,000,000

の副産物として回収されてきた。さらに、希土類元素鉱山につきものの放射性元素、トリウム（Th）、ウラン（U）の処分・管理が十分になされなくても操業できる（人家に影響を与えないと見なされる広大な堆積場が存在する）などの利点がある。また、レアアースの酸化物原料から金属を製造する場合には酸化物原料の特性上フッ化物を用いた溶融塩電解採取が必要であり、その際に発生するフッ化水素（HF）などのフッ化物蒸気の対応もとられていない場合が見られる。このように資源が存在するだけではなく、実際に必要な素材、材料に作りこむ際の環境負荷コストが小さいことが大きな要因と思われる。

　イオン吸着鉱は、基本的に硫酸アンモニウムを直接鉱体に注入して希土類元素が抽出されるので採掘コストはそれほどかからず、問題となる放射性元素の含有率が低いという利点もある。需要が低下している現在、新しい鉱山の開発にまではいたらない可能性が高い。もちろん日本の経済水域内に発見された希土類含有泥[5]についても現実的な採掘についてはまだ先の話になる。

白金族金属

　希土類元素とはまったく別な資源状況なのが、白金族金属（PGM）である。これも寡占といえば寡占であるが、中国の希土類元素やブラジルCBMM社のニオブほどではない。ただし、基本は南アフリカの白金3社（Amplats社、Implats社、Lonmin社）、ロシアのNorlinsk Nickel社でかなり高い産出割合になっている。南アフリカは主に白金が主体で、ロシアはパラジウム（Pd）主体である。近年の白金族金属の需要と供給をまとめたものを図1-3に示す。全体でも年500t以下の生産量であり、この数年は大きく増減がない。地殻中の存在割合から見ても本質的に資源量が小さく、ある意味本質的なレアメタルである。ここが希土類元素とは異なる。

　南アフリカの白金鉱山には現在では3種類ともいわれるが、大きく2種類が存在する。比較的地下浅いところに存在していたメレンスキーリーフと、それよりやや深いところに位置しクロム鉱主体のUG-2である。いずれにしても「ブッシュフェルト」と呼ばれる南アフリカ北部の環状地域に存在し、製錬所の多くがその近辺に存在する。近年、南アフリカでは労働費の増大、電気供給の不安定から操業が安定せず、若干不安定な供給が続いている。しかしながら、技術開発が進み、触媒における原単位の低下などから使用量は若干低下傾向になる。ただ、白金は採掘コストが高く現在の技術では資源供給律速であるので、決定的な需要の削減技術の開発がなければ、長期的価格の上昇や供給量の減少は避けられない。

その他

　その他のレアメタル資源として、タングステンについて簡単に述べる。タングステンも希土類元素ほどではないが、中国依存である。資源は世界に分布しているが、安定的に供給している点では中国になる。ついでロシアとなるが、やはり供給国リスクは高い。

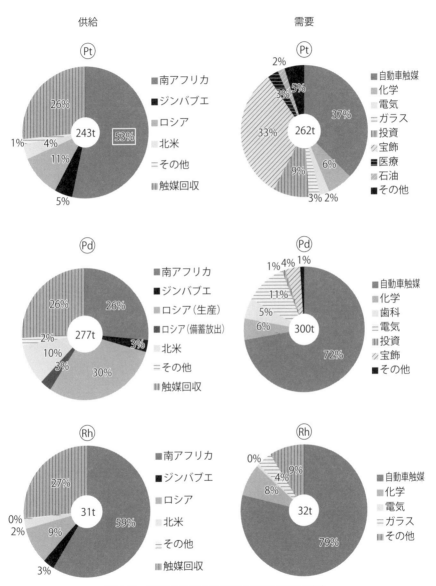

図1-3　世界のPGMの供給と需要（2013年）

海底資源を当てにしても
レアメタル問題は解決しない

　レアメタルというと、「希少金属→枯渇」といった短絡的な理解に基づいた内容で、メディアから報道がなされることが多い。最近では逆に、「日本近海の海底には、レアアース（REMs）資源が豊富に存在するので、海底資源を利用すれば、日本のレアアースの供給問題は解決する」という不可解な報道も見受けられる。さらには、「海底のレアメタル資源の採掘・製錬を短期間で商業化できる可能性」についてまで、まことしやかな報道が行われている。

　一連の報道は、大いに"夢のある話"ではあるものの、海底のレアアース資源の商業利用は、筆者の目からみれば遠い将来のことであり、経済的な観点から判断する限り現時点では実現不可能である。これら一連の報道は、大きな誤解を含んでおり、また、ともすると生産性の低い非効率な資源開発政策に利用されるので注意を要する。

　資源量のみに注目した海底資源の将来性や有用性の報道は一般受けすることが多い。しかし、実際にはレアアースをはじめとする多くのレアメタルの供給については、資源量そのものはあまり問題ではなく、その採掘時のコストや環境負荷が重要となる。残念ながら、現在の技術では、低いコストで海底の資源を有効に利用してレアメタルを生産することはできない。また、採掘・製錬に伴って発生する廃棄物の処理についても技術的に解決できないものが多い。

　レアメタル、とりわけレアアースの資源埋蔵量は陸上だけでもほぼ無尽蔵にあり、現在の産業規模では海底資源を利用する必要性は少ない。問題は、採掘に伴う環境破壊やレアアースの製錬に伴って発生する有害物・廃棄物の処理費用であって、資源の埋蔵量そのものは大した問題ではないのである。このような基本的なことが、メディアをはじめ一般にはまったく理解されていない。

今のところ、陸上の資源は、海底資源に比べて圧倒的に低いコストで採掘できるため、今後も利用され続けるであろう。しかし、廃棄物の処理や環境破壊などの問題が顕在化しているため、採掘・製錬を行うにあたっての規制が年々厳しくなってきている。また、鉱石中のレアメタル濃度（品位）も低下する傾向にあるため、廃棄物の発生量増大と生産コストの高騰は避けられない。

　陸上資源についての環境破壊問題が深刻化すれば、遠い将来には、海底資源を利用しなければならない時代が到来する可能性はある。したがって、学術的な意味での探査や海底での採掘技術に関する基礎的な研究開発は重要であろう。しかし、既存技術の水準やレアメタルの価格をベースに物事を考える限りにおいては、海底資源の商業利用の可能性は何十年も先を見越して進めるべき基礎研究の課題である。

　特殊な事例としては、金や白金などの貴金属が海底表層に高度に濃縮している箇所を選択的に採掘する活動は早期に実現するかもしれない。また、石油や天然ガスなどの流体の採掘を利用し、副産物としてレアメタルを分離回収する場合には、海底資源開発でも採算が採れるケースが出てくるかもしれない。さらに、仮に採掘や製錬に伴って発生する廃棄物や有害物の海洋投棄が許されるということになれば、海底資源の利用が早まる可能性もある。もっとも、海洋投棄を認めれば、環境問題などの別の問題が発生する。

　レアアースをはじめとするレアメタルの資源戦略を考えるにあたっては、何が供給の制約要因（ボトルネック）となっているのかを正確に理解することが肝要である。資源の埋蔵量や地理的な偏在のみを基本情報として机上の議論をしても、意義のある成果は生まれない。

一方、これほど中国の生産割合が多いのになぜ希土類元素のような事態が生じなかったのか十分に検討する必要がある。とにかく、一国集中の供給に頼るタングステンに替わる新しい切削材料、研磨材料の開発は大きなインパクトがある。

1-3　日本の需給政策

　レアメタル資源確保対策が経済産業省資源エネルギー庁内の総合資源エネルギー調査会鉱業分科会レアメタル対策部会で図1-4のようにまとめられ、概ね下記の4つの総合対策が重要との結論になった[6]。

①探鉱開発の推進（レアメタル探査の強化を中心とした海外資源の確保）
②リサイクルの推進（いわゆる都市鉱山の開発）
③代替材料開発（特殊な希少金属を使用しなくても機能を出現させる材料の開発）
④レアメタル備蓄

　それぞれ効果の出る時間軸が異なり、速効性は④のレアメタル備蓄で、それから②リサイクルの推進、③代替材料開発、①探鉱開発の推進と続く。本来資源が関与する政策は長期的視野が重要であり、このように時間軸を考慮し、長期的な対策まで明示したことは大きな意味がある。
　材料開発については、直接的な代替ではないが、希土類元素についてなされた使用量削減のための技術開発、ならびにその後の設備投資補助

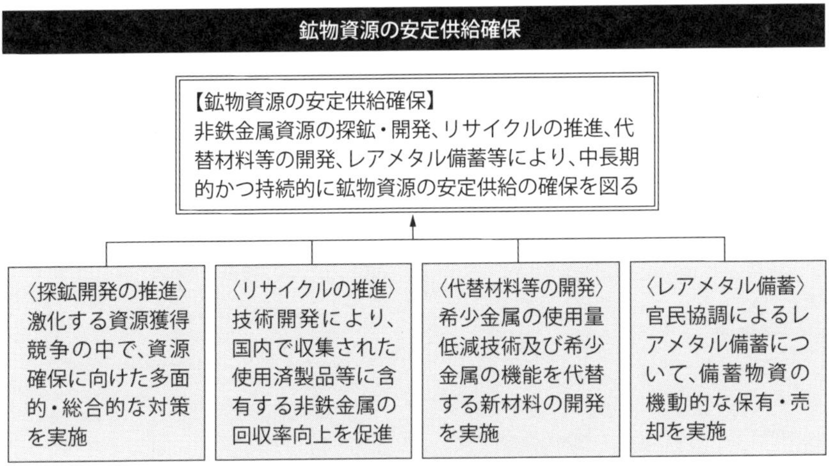

第 1 章　必要不可欠なレアメタル

鉱物資源の安定供給確保

【鉱物資源の安定供給確保】
非鉄金属資源の探鉱・開発、リサイクルの推進、代替材料等の開発、レアメタル備蓄等により、中長期的かつ持続的に鉱物資源の安定供給の確保を図る

〈探鉱開発の推進〉
激化する資源獲得競争の中で、資源確保に向けた多面的・総合的な対策を実施

〈リサイクルの推進〉
技術開発により、国内で収集された使用済製品等に含有する非鉄金属の回収率向上を促進

〈代替材料等の開発〉
希少金属の使用量低減技術及び希少金属の機能を代替する新材料の開発を実施

〈レアメタル備蓄〉
官民協調によるレアメタル備蓄について、備蓄物資の機動的な保有・売却を実施

図1-4　日本のレアメタル資源確保対策

金が功を奏して、希土類元素の総使用量が一時期最盛期の1/3程度になり、現在のように大幅な供給過剰の状態が生じている。

　NEDOで実施された代替材料開発の流れを年表にまとめたものを図1-5に示す。2007年に検討を始め、2008年には研究開発をスタートしており、当時は、ジスプロシウム、タングステン、インジウムの3鉱種から始まった。その後、対象鉱種も増加し6鉱種に拡大され、同一鉱種でも用途別に研究が行われた。さらに後半になると、研究開発ではなく産業化に対する補助事業に変化しており、適切に対応されたことがわかる。この間、NEDO内に専門家から構成される委員会を設置し、どのような鉱種ならびに製品にリスクが大きいかを継続的に検討してきた。これらの一連の動きは後述するが、アメリカ、EUにおける取り組みと比べ数年以上早く先駆けており、いかに日本の対応がすばやかったか理解できる。ここで、鉱種別の供給リスクを判断する際にどのような手法をとってきたかは述べないが、委員会内部では定量的な数値、専門家の意見を組み入れながら、適切に判断してきたといえる。

　さらに、政策として大きなインパクトがあったのは、レアメタル削減

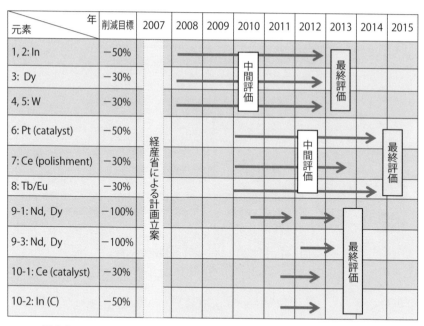

図1-5 NEDOによる希少元素代替材料開発プロジェクトの年次経過

のための大型設備投資を行ったことである。この政策の実施はNEDOではなく直接経済産業省が行ったが、当時としては大型の補助金であり、その結果として具体的なレアメタル削減の設備投資がなされ、大幅な使用量の削減につながった。この政策の是非は難しい判断もある。しかし仮に、研究開発、設備投資補助金がなければ、現在よりもさらに大幅な技術開発の必要性、工場の海外移転が発生したであろうことは容易に想像できる。希土類元素の使用量削減の例でわかるような明示的な効果が出たことにより、他のレアメタルの安定供給にも貢献したと考えられる。

一方、資源開発は数年の短期では対応できないものであり、一時の価格低下で問題が解決したとして資源開発をおこたると、政策の方針を誤る可能性がある。日本は本質的に自国の地殻中の地下資源を開発し終わっており、もはや地下から採掘するわけにはいかない。その意味で

は、外国の政府や企業と協力して他国で鉱山開発を行うことが本質的に重要である。この場合、いまや低開発の資源保有国に単に経済的な支援のみで協力する手法は通じず、それなりに直接的に資源開発の技術やインフラ整備を国として支援することが重要である。日本は衛星を利用したリモートセンシングによる鉱物資源探査について高い技術力を保有しており、それらの活用がなされている[7]。

自国内での金属資源の確保の可能性は、いわゆる"都市鉱山"開発であるリサイクルの促進も必要である[8]。現在の経済状況での開発は無理があるが、将来は海底資源も対象になりうる。

1-4 アメリカ・EUの動向

日米欧Critical Metal Workshopの開催が6回予定され、2015年12月に5回目を終了した。6回目はEUでの開催が予定されている。この会議の1回目がアメリカ・ワシントンで開催され、その後日本、EUの順で持ち回りになっている。この流れは日本が積極的に進めたものであるが、アメリカ、EUも同調し、日本と共同でWTOに中国を違法な輸出制限で提訴した。その結果、日米欧でのスクラムが功を奏し、希土類元素での中国の輸出制限はWTO違反であるとの結論が出た。

以上、大きな国際協調の流れの中、アメリカ、EUは独自に日本同様の研究開発などを進めてきた。

1-4-1 アメリカ

アメリカでは国防総省（DOD）ならびにエネルギー省（DOE）の2

つの機関が主にレアメタル対応を行っている。日本の文部科学省科学研究費に相当するアメリカ科学財団（NSF）もアカデミアに対して関連分野で研究支援を行っている。中でも特出すべきは、DOEが設立したCritical Materials Institute（CMI）であろう。CMIは、Ames National Laboratory（アイオワ州）が主導して、国立技術研究所、大学、企業が連携するエネルギー技術革新のハブとなっている。CMIの組織図を図1-6に示す。CMIはレアアースなどのCritical Materialsのサプライチェーン全体にアプローチするシンクタンク的な機能が期待されている。

CMIはNEDOと情報交換契約（MOU）を結んでおり、毎年定期的に研究発表会を行っている。中心となる4つの活動グループ（資源の多様性検討、代替材料開発、3R、さらに和訳は困難であるが、全体を通して持続可能性や経済合理性を見ながら実現可能かどうかを判断するCross Cutting）を設置して活動している。

DODの活動は、表に出にくく、詳細は不明であるが、主なレポートについていくつか記載する。

- Strategic and Critical Materials 2013 Report on Stockpile Requirements
- President Obama's Announcement on the Joint World Trade Organization Dispute Resolution Case on China
- H.R. 761, National Strategic and Critical Minerals Production Act of 2013
- Critical Minerals Policy Act of 2013（14）
- Report on the Diversification of Supply Activities Related to Rare Earth Elements
- Department of Defense Report Responding to Section 843

第 1 章　必要不可欠なレアメタル

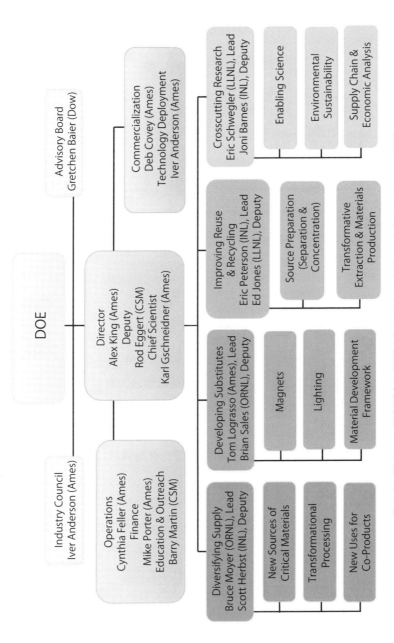

図 1-6　米 Ames 研究所内に設置された Critical Materials Institute の組織

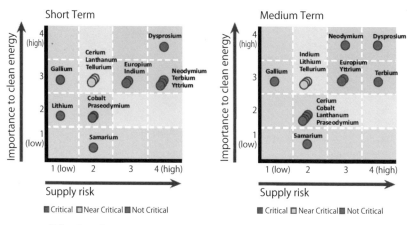

(出典:Critical Materials Strategy Summary, U.S. DEPERTMENT OF ENERGY (DOE), 2010)

図1-7　DOE報告書によるクリティカル物質の供給リスクと
　　　　クリーンエネルギーへの重要度の関係

　このような緊急レポートを作成しながら、2013年3月にレアアース戦略備蓄予算（1億3000万ドル）が要請されている。その際のレアアース戦略備蓄7鉱種はジスプロシウム、テルビウム、エルビウム（Er）、ツリウム（Tm）、スカンジウム、イットリウム、非公表希土類酸化物である。興味深いのは、総合的な確保戦略を提案し、通常資源のみならず、リサイクルにまで言及し、資源開発、材料開発、リサイクルに関する人材育成にまでカバーしていることである。
　一方、DOEは、これまで2つのレポートを提出している[2][9]。
　アメリカではオバマ大統領によってクリーンエネルギー政策が推進されており、2010年12月にDOEからクリティカル物質戦略（Critical Materials Strategy）報告書が公表された。この報告によると、クリティカル物質の世界消費の約20%がクリーンエネルギーのために使用されており、その重要度と供給リスクとの関係は図1-7で示されている。短期では6元素（インジウム、ジスプロシウム、ネオジム、テルビ

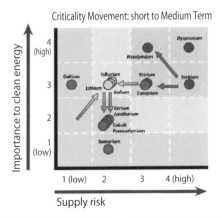

(出典：Critical Materials Strategy Summary, U.S. DOE, 2010)

図1-8 短期および中期の比較

ウム、ユウロピウム（Eu）、イットリウムが最もクリティカルな元素と考えられる。クリティカル性の判断はクリーンエネルギーへの必要度と供給不全の危険性から行っている。長期（5〜15年）でもインジウム以外は同じ元素である（図1-8）。

また、同報告書では永久磁石、先進二次電池、薄膜半導体、蛍光体の4つの技術がクリーンエネルギー技術にとって重要であるとされている。その用途と対象元素は、表1-5のとおりである。

結論としては、クリーンエネルギー技術の拡大により将来の物質消費のパターンが変化し、いくつかのクリティカルマテリアルが短中期的には供給に支障を来す可能性があり、その対策として以下の3項目が重要であるとされている。

- 供給源の多様化
- 代替物質の開発
- リサイクル、リユースの改善と、効率的な使用法

2011年12月「CRITICAL MATERIALS STRATEGY」レポートは、

表1-5　米DOEにおける重要技術と用途、対象元素

重要技術	用途	対象元素
永久磁石	風力、電気自動車	Dy、Nd、Sm、Pr
先進二次電池	電気自動車	La、Ce、Pr、Nd、Li、Co
薄膜半導体	太陽光発電システム	In、Ga、Te
蛍光体	高効率照明	La、Ce、Tb、Eu、Y

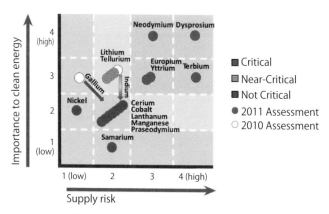

(出典：Critical Materials Strategy Summary, U.S. DOE, 2011)

図1-9　DOEが中期(2015年から2025年)で想定する
クリティカル物質(2010年と2011年改定の比較)

Comparison of Medium-Term Criticality Assessment between this Strategy and the 2010 Critical Materials Strategy

2010年のレポートのアップデート版という位置付けであり、このレポートでのリスク評価の結果を図1-9に示す。前提は、前年度のレポートと同じである。しかし、中長期的にはこのリスクは弱まるであろうとしている。前年とほぼ同じ鉱種をリスクが高いとしているが、インジウムを下げている。

　これらの調査結果をもとに多くの技術開発プロジェクトが動いた。必ずしも直接クリティカルメタル関連の材料開発ではないが、関連するものとしてDOE助成プロジェクト(ARPA-Eプロジェクト)があり、下

記のように 22 プログラムに分類されている。

- ADEPT (Agile Delivery of Electrical Power Technology)
- AMPED (Advanced Management and Protection of Energy Storage Devices)
- BEEST (Batteries for Electrical Energy Storage in Transportation)
- BEETIT (Building Energy Efficiency Through Innovative Thermodevices)
- Electrofuels (Microorganisms for Liquid Transportation Fuel)
- FOCUS (Full-Spectrum Optimized Conversion and Utilization of Sunlight)
- GENI (Green Electricity Network Integration)
- GRIDS (Grid-Scale Rampable Intermittent Dispatchable Storage)
- HEATS (High Energy Advanced Thermal Storage)
- IMPACCT (Innovative Materials and Processes for Advanced Carbon Capture Technologies)
- METALS (Modern Electro/Thermochemical Advances in Light Metals Systems)
- MOVE (Methane Opportunities for Vehicular Energy)
- OPEN 2009 (Open Funding Solicitation)
- OPEN 2012 (Open Funding Solicitation)
- OPEN IDEAS (Open Innovative Development in Energy-Related Applied Science)
- PETRO (Plants Engineered to Replace Oil)
- RANGE (Robust Affordable Next Generation Energy Storage Systems)
- REACT (Rare Earth Alternatives in Critical Technologies)
- REMOTE (Reducing Emissions using Methanotrophic Organisms

for Transportation Energy）
- SBIR/STTR 2012（Small Business Innovation Research/Small Business Technology Transfer）
- Solar ADEPT（Solar Agile Delivery of Electrical Power Technology）
- SWITCHES（Strategies for Wide Bandgap, Inexpensive Transistors for Controlling High-Efficiency Systems）

1-4-2　EUの動向

EUにおいても、2010年[10]と2014年[11]にリスク評価のレポートが提出されている。2010年7月30日の報告書「Critical raw materials for the EU」で、EUは欧州にとって必要不可欠な原材料（critical raw materials：CRMと略す）として14の鉱物資源を選定し、発表した（図1-10）。選定手法は、供給面として生産国の政治・経済の安定性、資源賦存の偏在性、代替可能性、リサイクル率を総合した「供給リスク度」を縦軸とし、欧州経済の重要なセクターでどの程度その原材料が使われているかという「経済的重要度」を横軸にとって、候補である41鉱種を分類した。選定された14鉱種は次の通りである。

　　　アンチモン、ベリリウム（Be）、コバルト、蛍石、ガリウム、ゲルマニウム（Ge）、天然黒鉛、インジウム、マグネシウム（Mg）、ニオブ、白金族金属、レアアース、タンタル、タングステン

EUはCRMの見直しを3年ごとにしており、2012年9月に技術的な検討を開始、2013年11月15日に委員会へ提出、承認の後、2014年5月26日に見直し結果を発表した。発表した報告書によれば、対象を41鉱種から54鉱種に拡大し、レアアースに関しては重希土類と軽希土類の2つに分け、前回と同様の選定手法で見直しを行っており、次の20鉱種が

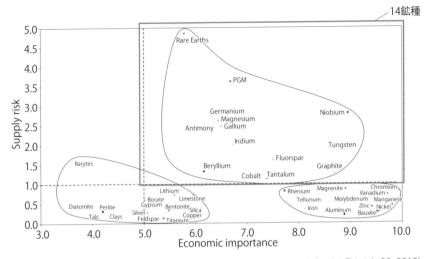

(出典：Critical raw materials for the EU, July 30, 2010)

図1-10 EUのリスク評価結果（2010年）

選定された。

> アンチモン、ベリリウム、ホウ酸塩、クロム、コバルト、原料炭、蛍石、ガリウム、ゲルマニウム、インジウム、マグネサイト、マグネシウム、天然黒鉛、ニオブ、白金族金属、リン(P)、重希土類、軽希土類、金属シリコン、タングステン

図1-11からわかるように、供給リスク（縦軸）では重希土類が最も高く、経済重要度（横軸）では、タングステン、原料炭が最も重要度が高いとされている。2010年と2013年のリスク鉱種を比較すると**表1-6**の通り、タンタルが外され、ホウ酸塩、クロム、原料炭、マグネサイト、リン、金属シリコンの6つが新たに追加された。

EUによれば、54鉱種のリサイクル原料を含まない一次原料の供給は、90％以上をEU域外に頼っており、特にCRMの20鉱種に限定した場合、供給国としての中国の存在感は非常に大きいとしている。この他、ニオブについてはブラジルのCBMM社が寡占している状態にある。

EUではCRMを政策立案に際しての指標として取り扱い、この指標

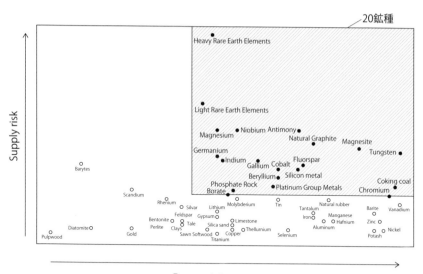

(出典：Reports on Critical raw materials for the EU, May, 2014)
図1-11　EUのリスク評価結果(2013年)

をEU域内での産業政策、CRMを欧州で生産する企業への優遇措置、またEU内での新たな鉱業活動の促進などに活用している。その他にも、輸出入、法規制、研究開発の分野でCRMの課題を随時モニターし、CRMの安定供給確保に努めている。

　以上のリスク評価の検討のみならず、種々の会議が動いている。その代表の1つとして希土類元素に特化している「European Rare Earth Competency Network：ERECON」がある。EUは、欧州におけるレアアースの安定的な供給確保を目的として、レアアース調達方法の改善、レアアース使用量の削減および欧州域内での生産強化の方法などを模索するため、2013年にERECONプロジェクトを立ち上げた。これは「原材料戦略（Raw Materials Strategy）」、「原材料に係る欧州イノベーション・パートナーシップ（European Innovation Partnership on Raw Materials）」と連携した事業で、ERECONはEU委員会、EU加盟国お

表1-6　EUの2010年と2013年のクリティカル原材料（CRM）比較

2010年のみ選定	2010年、2013年 共通に選定	2013年 新規選定
タンタル	アンチモン ベリリウム コバルト 蛍石 ガリウム ゲルマニウム インジウム マグネシウム 天然黒鉛 ニオブ PGM 重希土類 軽希土類 タングステン	ホウ酸塩 クロム 原料炭 マグネサイト リン 金属シリコン

2010年のCRM：タンタル＋共通選定
2013年のCRM：共通選定＋新規選定

（出典：Reports on Critical raw materials for the EU, May, 2014）

よび産業界に対して勧告を行った。この組織は、産学官のレアアース専門家で構成、次の3テーマについて調査を実施した。

- 欧州でのレアアース生産（レアアース鉱山、分離プラントなど）の可能性の模索
- 欧州でのレアアース使用量削減、代替開発、リサイクル
- 欧州産業におけるレアアースの現状および将来の需要予測と欧州域外からの供給可能性の予測

2014年10月、イタリアのミラノで最終会合を開催し、2014年末に最終報告書案が出された[12]。これまで議論されてきた内容と大きく変わらないが、EUらしくリサイクルに力が入っている感がある。

その他、「European Innovation Partnership on Raw Materials」と称される大型プログラムが動いている[13]。これは「欧州2020戦略

(E2020)」の中核的取り組みである7つの「旗艦イニシアティブ（Flagship Initiatives）」の中の1つで、イノベーション・ユニオン（Innovation Union：IU）は、EU加盟国ごとに統一性なく進められていたイノベーション政策をとりまとめ、EU内の教育基盤強化、研究者の意見交換、研究機関や企業などの共同研究や市場展開の促進、特許やライセンスの統一化を通じ、イノベーションを生みやすい環境を整備することで、革新的な発想を新製品やサービスの創造に結び付けることを目指している。

　これまでIUのもとで打ち出された34件の具体的な行動計画の中の1つが「原材料に係る欧州イノベーション・パートナーシップ（原材料EIP）」である。この原材料EIPは、非エネルギー原材料（電気自動車のバッテリーや太陽光、風力タービンの部品・素材）の輸入削減、資源の利用効率の向上、代替物質の開発を目的としている。2013年9月に戦略的実施計画（Strategic Implementation Plan）を策定、プログラム提案を公募している。今後は2年ごと（2015年、2017年、2019年）に新たな公募の実施を予定している。

　その他の関連助成プロジェクトについて簡単に述べる。EUの技術開発助成制度にSeventh Framework Program（7th FPまたはFP7）がある。これはSixth Framework Program（6th FPまたはFP6、期間2003-2006年、予算17.5億ユーロ）に続く助成制度で、期間は2007年から2013年で、予算は50.521億ユーロである。7th FPには多数のプロジェクトが登録されており、「Critical Material」で探すと4,990プロジェクトが上がってくる。レアアースでは1,093プロジェクト、インジウムでは22プロジェクトが登録されている。2014年1月から、7th FPの後継フレームワークプログラムである「Horizon 2020」が開始された。7th FPと同様に、7年間（2014〜2020年）の方向性を規定している。全体の予算は7th FPより大幅に増額され77億ユーロであり、前述のイノベーション・ユニオンの推進を強く意識したプログラム構成になっている。

第2章

求められる
レアメタル（需要）

レアメタルの利用により、自動車・石油・化学向けの「触媒」、強力で軽量な「磁石」、大容量で軽量な「二次電池」、長寿命でさまざまな光源色や演色性を楽しむことができる「LED照明^(注1)」など、革新的な技術や機能部材を実現することが可能であり、現在もさらなる発展が期待されている。これらの技術分野では、日本の研究者の発明が貢献している。

　例えば、白金族金属触媒を利用した炭素—炭素間の結合を生成する化学反応やLED照明技術における発明と実用化では、それぞれノーベル化学賞、物理学賞を複数の日本人科学者が受賞している。加えて、その他のレアメタル材料分野でも、日本人科学者のノーベル賞受賞の可能性があるといわれている。レアメタルの流通量は鉄（Fe）、銅、亜鉛、アルミニウム（Al）などのコモンメタル（ベースメタル）に比べて、各段に少ないものの、日本が産業競争力を維持していく上で極めて重要な役割を担っている。

　レアメタル危機と呼ばれた2011年前後に先立つ2008年度から希少金属（レアメタル）代替技術開発が経済産業省とNEDOのプロジェクトとしてスタートした。これと連携する形で、文部科学省と国立研究開発法人 科学技術振興機構（JST）も「元素戦略」プロジェクトを進めた。

　ここ数年のNEDO事業で収集した情報をもとに、本章ではレアメタルとして白金族金属、レアアース（REE）、タンタル、タングステンを取り上げて、用途側の観点から解説する。

　以下で紹介する地域別のレアメタル需要量は、対象国内でレアメタル

(注1)　　LEDとは発光ダイオード（Light Emitting Diode）の略称。LEDは赤色と黄緑色が1960年代に開発されて、表示用光源として利用されていた。その後、1993年に明るい青色（窒化ガリウム、GaN）、緑色が開発されて光の3原色がそろい、白色やフルカラー化が可能となった。その一般的な方法は、青色に発光するLEDと、その光で励起され黄色を発光する蛍光体を組み合わせて白色光を作り出す。その後1993年に以前とは明るさのレベルが違う青色LEDの開発、緑色の開発により光の3原色がそろい、LEDの白色化やフルカラー化が現実のものになった。

を原料とする用途製品の生産に係るものであり、用途製品を輸出する場合を含む。レアメタルの供給（輸入）については第3章で詳しく述べるが、日本の場合、レアメタルの供給はほぼ全量を輸入に頼っており、原料調達の際は世界の市場で最も有利な条件のサプライヤーと購入契約することから、将来の需給動向を見通す場合は国内だけでなく、可能な限り世界全体の情報を把握する必要がある。

2-1 白金族金属

　白金族金属（Platinum Group Metals、略称PGM）は、白金、パラジウム、ロジウム（Rh）、イリジウム（Ir）、ルテニウム（Ru）、オスミウム（Os）の6元素の総称である。酸素存在下でも自身は酸化されにくい貴金属であり、他の化学物質を酸素で酸化する、水素で還元するなどの触媒作用が顕著であり、導電性が高く腐食されにくいなどの優れた物質特性がある。そのため、触媒、導電性ペースト（特に信頼性が要求される電子部品）、宝飾用材料などで広く利用されている。白金族金属は、地殻中での存在が少なく、金と同様に希少価値があるため、その単価はベースメタル[注2]と比べて桁違いに高い。

　白金族金属6元素のうち、ここでは、白金、パラジウム、ロジウムの3元素を取り上げる（以下、ここで白金族金属はこの3元素を指す）。

(注2)
　　単価は変動するが一例として、2015年11月5日のLME価格（US$/t）は、「アルミニウム1,473、銅5,053、鉛1,647、ニッケル9,690、スズ14,750、亜鉛1,635、コバルト25,700、モリブデン11,000、銅220」に対して、白金族金属は「白金30,607,000（952US$/troy oz）、パラジウム19,643,000（611US$/troy oz））と、桁違いに高い。ここで、LME（London Metal Exchange）はロンドン金属取引所で世界最大規模の非鉄金属専門の取引所。

2-1-1　白金族金属が求められている用途と需要

　白金族金属（白金、パラジウム、ロジウム）の需要について、世界の各地域別、用途別に整理した（表2-1）。

　白金族金属の3元素で多少の差異があるが、白金族金属の最大の用途は自動車排ガス浄化触媒（以下、自動車触媒）である。白金族金属の触媒としての機能は、自動車排ガス処理だけでなく、古くから石油製品、化学製品の製造に広く利用されてきた。最近では、都市ガスで給湯に加えて発電も行うことができる定置型燃料電池発電設備、燃料電池自動車（FCV）にも使われている。触媒に次いで大きい用途は、電子・電気部品向け高信頼性導電材料がある。また、ガラス製造用の坩堝材料としても多量に使われている。

- 白金
  世界需要の半分が工業用途（触媒、電気・電子向け導電部材等）、3割が宝飾品向けであることが特徴となっている。このうち、自動車触媒向けは、世界需要全体の4割を占める
- パラジウム
  世界需要の9割強が工業用途で使用されている。合金として歯科材料にも使われる。自動車触媒向けは、世界需要全体の7割を占める
- ロジウム
  世界需要の9割が工業用途に使われている。このうち、自動車触媒向けは、世界需要全体の8割弱を占める。ロジウムの自動車触媒以外の用途については、情報はないが世界需要の用途別内訳やロジウムの物理化学的な特性などを勘案すると、工業用途、特に触媒向けや合金添加剤としての需要が大きいものと推定される

第 2 章　求められるレアメタル（需要）

表2-1　世界のPGMの需要（用途別、地域別）

鉱種（元素）	需要量（メタル純分、t）2013年実績						自動車触媒と自動車触媒以外の比率（%）2013年実績					
用途	日本	中国	北米	欧州	その他	世界	日本	中国	北米	欧州	その他	世界
Pt												
自動車触媒	18.0	3.7	11.7	40.1	23.6	97.2	61.7	5.1	34.7	72.9	33.3	37.1
上記以外	11.2	69.4	21.9	14.9	47.3	164.7	38.3	94.9	65.3	27.1	66.7	62.9
宝飾品	9.3	57.5	6.4	6.5	5.4	85.2	31.8	78.7	19.0	11.9	7.7	32.5
工業	2.1	10.4	7.9	7.6	14.6	42.6	7.1	14.3	23.6	13.8	20.6	16.3
投資	−2.2	0.0	3.7	−3.0	25.2	23.8	−7.5	0.0	11.1	−5.4	35.5	9.1
その他	2.0	1.4	3.9	3.7	2.0	13.1	6.8	1.9	11.6	6.8	2.9	5.0
Pt計	29.2	73.1	33.6	55.1	70.9	261.9	100.0	100.0	100.0	100.0	100.0	100.0
Pd												
自動車触媒	23.8	46.8	56.6	46.5	43.1	216.8	59.4	73.2	76.5	76.9	70.7	72.4
上記以外	16.3	17.1	17.4	14.0	17.9	82.7	40.6	26.8	23.5	23.1	29.3	27.6
宝飾品	2.2	5.8	1.4	2.0	0.8	12.1	5.5	9.0	1.9	3.3	1.3	4.0
工業	14.0	11.0	13.4	10.3	16.5	65.2	34.9	17.3	18.1	17.0	27.0	21.8
投資	−0.2	0.0	1.6	0.9	0.0	2.3	−0.5	0.0	2.1	1.4	0.0	0.8
その他	0.3	0.3	1.1	0.8	0.6	3.1	0.7	0.5	1.5	1.3	1.0	1.0
Pd計	40.1	63.9	74.0	60.5	61.0	299.5	100.0	100.0	100.0	100.0	100.0	100.0
Rh												
自動車触媒	2.7	6.3	3.8	4.9	7.1	24.9	n.a	n.a	n.a	n.a	n.a	78.8
上記以外	n.a	n.a	n.a	n.a	6.7	21.2	n.a	n.a	n.a	n.a	n.a	21.2
工業	n.a	n.a	n.a	n.a	3.9	n.a	n.a	n.a	n.a	n.a	n.a	12.4
その他	n.a	n.a	n.a	n.a	2.8	n.a	n.a	n.a	n.a	n.a	n.a	8.8
Rh計	n.a	n.a	n.a	n.a	n.a	31.6	n.a	n.a	n.a	n.a	n.a	100.0
PGM												
自動車触媒	44.6	56.9	72.1	91.6	73.8	338.9	61.9	39.7	64.7	76.0	53.1	57.1
上記以外	27.5	86.5	39.3	28.9	65.2	254.1	38.1	60.3	35.3	24.0	46.9	42.9
宝飾品	11.5	63.3	7.8	8.6	6.2	97.4	16.0	44.2	7.0	7.1	4.5	16.4
工業	16.1	21.5	21.3	17.9	31.1	111.7	22.3	15.0	19.1	14.8	22.4	18.8
投資	−2.4	0.0	5.3	−2.0	25.2	26.1	−3.3	0.0	4.7	−1.7	18.1	4.4
その他	2.3	1.7	5.0	4.5	2.6	18.9	3.2	1.2	4.5	3.7	1.9	3.2
PGM計	72.1	143.3	111.4	120.5	139.0	593.0	100.0	100.0	100.0	100.0	100.0	100.0

注）PGMのうち、Rhのみ「自動車触媒以外」の地域別需要が不明（n.a.）であるため、表の左の最下行「PGM合計」の5地域総和は、表の世界の列の合計値（593t）と一致しない
（出典：Johnson Matthey社の統計（2013年実績）日本語版　田中ホールディングス提供からMCTR作成）

資源供給制約が大きいレアメタル

　白金（Pt）やパラジウム（Pd）、ロジウム（Rh）などの白金族金属は資源供給制約が大きいレアメタルの代表格である。白金族金属は、鉱石の品位が高いものでも数ppm（1tあたり数グラム、約0.0005%）と低く、また、現状ではこれらの鉱石は大半が南アフリカとロシアの限られた鉱山で採掘されている。今後も白金族金属の供給は、南アフリカとロシアがその80%以上を占め続けるであろう。

　白金は、現在の需要（約200 ton/year）で生産し続ける場合は、現時点でも可採年数は100年以上ある。また、深い深度の鉱石を低コストで採掘する技術が開発されれば、生産量を増大することができる可能性はある。しかし、採掘に必要なインフラの整備などのコストを考慮すると、当面は年間数百t規模の資源供給が上限かと思われる。

　本質的に資源供給量が少なく資源供給制約の大きい白金族金属に代表されるレアメタルは、新材料の発明などによる新たな需要が発生すれば、一時的な供給不足に陥りやすい。深刻な供給不足に陥りやすいレアメタルの多くは、他の金属の副産物であることが多く、年間生産量が限られているため、需要に応じた生産量の調整ができない。さらに、一旦供給不足が生じると、投機マネーの流入も相まって価格が急激に高騰す

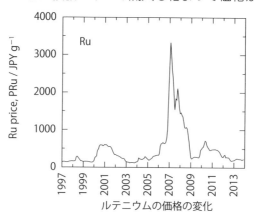

ルテニウムの価格の変化

る場合が多い。

　2007年には、白金やパラジウムの副産物として生産されるルテニウム（Ru）の価格が10倍以上に急騰した。これは、新技術を用いたハードディスク用の新たな需要が生まれたのが一因である。さらに、ルテニウムの生産量は年間数十tと少なく、白金やパラジウムの副産物であるため需要に応じて生産量を増やすことができないため、需要家や投機筋の思惑買いで価格が暴騰した。

　最近では、ウクライナをめぐるロシアの情勢や南アフリカの鉱山労働者のストライキなどの要因により、パラジウム（Pd）の供給障害や価格の高騰が懸念されている。

　レアメタルを国外から調達して高付加価値製品として加工・生産する日本では、一時的なレアメタルの供給不足が経済活動に大きな影響をもたらす。突発的なレアメタルの供給不足の事例として、2010年9月の中国によるレアアースの輸出停止の例が広く知られているが、これは資源供給制約の問題というよりも、環境問題を表面的な理由にした外交政策や政治的な思惑に起因した国際紛争の一局面であった。

　レアアースショックの次は、パラジウムショックかも知れない。関係している国や状況はレアアースとは全く異なるが、パラジウムなどの供給障害についても、日本はしっかり備えておくべきである。

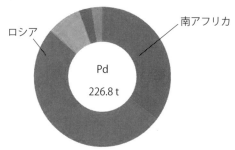

パラジウムの供給国（2010）

白金族金属（PGMs）の供給は、南アフリカとロシアの2カ国で独占されている

2-1-2 主用途で求められる白金族金属の機能

　自動車触媒は、ガソリン車向けの三元触媒（TWC）、ディーゼル車向けの酸化触媒などがある。自動車触媒として、酸化還元機能、反応活性、長期耐久性を発現する主成分は白金、パラジウム、ロジウムである。

　歴史的には、初期には白金、ロジウム触媒が使われたが、その後、パラジウムおよび助触媒[注3]としてレアアースのセリウムなどが利用されるようになった。三元触媒は、排ガス中に含まれる一酸化炭素、炭化水素（HC）、窒素酸化物（NOx）を同時に除去する。そのため、吸気混合比を理論空燃比に保つ必要があり、排出ガスの酸素濃度を検出する酸素センサの開発が必要であった。

　最近では、官民あげてのレアメタルの供給リスク対策として、白金族金属の代替・削減を図るための技術開発が経済産業省とNEDOを中心に進められた。エンジン燃焼の電子制御と一体化している自動車触媒において、特に、担体と助触媒の改良による触媒性能の向上と白金族金属低減を目指す取り組みがあった。また、新たな試みとして、ペロブスカイト[注4]系触媒担体や鉄系酸化物を用いる研究も一定の成果をあげてきたが、白金族金属を代替するには至っていない。

白金族金属元素組成と触媒機能から見た
ガソリンエンジン車とディーゼルエンジン車の違い

　世界的にガソリンエンジン車とディーゼルエンジン車の普及割合は台数比で8対2程度であるが、エンジンの原理と燃料性状の差異に起因し

[注3]　主触媒の機能を助ける成分。自動車触媒におけるセリウムは、白金族金属に、反応に必要な酸素を供給する機能がある。

[注4]　ペロブスカイトと同じ結晶構造をペロブスカイト構造と呼ぶ。例えば、$BaTiO_3$のように、RMO_3という三元系からなる遷移金属酸化物などが、この結晶構造をとる。

て、空燃比・燃焼温度などの違いによって排ガス組成も大きく異なるので、白金族金属触媒の構成や化学反応の内容が異なる。

　ガソリン車は、点火プラグで空気と混合して気化したガソリンに着火、燃焼させる。エンジン燃焼室から発生する主な大気汚染物質は、未燃炭化水素（HC）、一酸化炭素、窒素酸化物である。これを無害化するために、三元触媒が排気ラインに配置される。触媒の組成は、当初、白金、ロジウムが主流だったが、2000年頃からパラジウムが使われ、現在は、炭化水素の燃焼に有効なパラジウムが主で、そこに少量の白金およびロジウムが加えられる。

　一方、ディーゼルエンジンには点火プラグがなく、セタン価[注5]の高い燃料である軽油を空気と混合して気化、高圧縮することで着火させる。そのため、ガソリンエンジンと異なり、排ガス条件は燃料が少なめで空気が多い状態、いわゆるリーン雰囲気（酸素過剰）である。その結果、排ガスはガソリン車に比べて、NO_xと煤（炭素数14から35程度の粒子状物質[注6]）が多い。これに加えて、炭化水素（炭素数1から10程度の未燃炭化水素）および一酸化炭素が排出される。ディーゼルエンジンは、燃焼室はシンプルだが、排ガス中の汚染物質の濃度が高いため、ガソリン車に比べて、浄化装置が複雑になり、白金族金属触媒の使用量も多い。ディーゼル排ガス浄化装置は次の構成である。

- ディーゼル酸化触媒（DOC）で、排ガス中の炭化水素を水と二酸化炭素に、一酸化炭素を二酸化炭素に、一酸化窒素はNO_2に酸化する

(注5)　セタン価とは、軽油のディーゼルエンジン内での自己着火のしやすさ、ディーゼルノックの起こりにくさ（耐ノック性・アンチノック性）を示す。セタン価が高いほど自己着火しやすく、ディーゼルノックが起こりにくい。ガソリンにおけるオクタン価に相当する。

(注6)　排ガス中の粒子状物質（PM：Particulate Matter）。炭素からなる黒煙（煤）の周囲に、燃え残った燃料などが付着しているもの。

- ディーゼル粒子捕集フィルター（DPF）で、排ガス中に含まれる煤を捕集しておき、定期的に燃料を噴かせて排ガス温度を上げて、捕集した煤をO_2またはNO_2で酸化して二酸化炭素、N_2として無害化するとともにDPFを車載のまま再生して繰り返し使う[注7]

このようにDOC、DPFのいずれにも白金触媒が必要なため、ディーゼル排ガス処理に使用される白金族金属量は、同等の性能のガソリンエンジンに比べ約1.5倍と多く、主に耐久性の高い白金が使われる[注8]。

- ディーゼル排ガス中の窒素酸化物は、エンジンの工夫と窒素酸化物後処理装置で浄化している。NO_xは、LNT（Lean NOx Trap）、NSR（NOx Storage Reduction）、すなわち、窒素酸化物吸蔵還元触媒で窒素酸化物を一時的に吸着しておき、SCR（選択的触媒還元）装置で尿素水などの還元剤で接触分解する
- 排ガス組成は変動するため、過剰になった尿素$CO(NH_2)_2$に由来して生成するアンモニア（NH_3）を、ASC（アンモニア酸化触媒）で窒素と水に分解して無害化する必要がある。SCRはシステムが複雑なため、搭載されるのは大型車が多い

　排ガス対策に窒素酸化物吸蔵還元触媒だけを利用する場合は、窒素酸化物吸蔵還元触媒再生のために追加の燃料噴射（ポスト噴射）を行う必要がある。そのため、燃費の悪化や軽油によるエンジンオイルの希釈（潤滑・清浄性能の低下）が問題になる。尿素SCRシステムの場合は、そのような問題がない。

(注7) バナジウム系の触媒で酸素で煤を酸化する研究開発事例がある。
(注8) 「自動車触媒における白金族金属使用動向及び関連技術動向」、菅克雄、2014年1月29日、JOGMEC平成25年度第8回金属資源関連成果発表会

2-1-3　白金族金属は最終製品としてどのように使われているか

　最終製品としては自動車や石油精製（燃料製造）に必須の成分であり、白金族金属の経済的波及効果は、国内だけで30兆円前後と試算した。以下、一例として、主用途の自動車触媒の場合について説明する。

自動車触媒

　自動車触媒の場合、ガソリンエンジン車、ディーゼルエンジン車で白金族金属の組成や使われ方が異なる。いずれの場合も、反応温度が高いと排ガス処理が速くなるので触媒装置を小さくすることが可能となる。そのため、図2-1に示す通り、自動車触媒は、排ガスの流れに沿って、エンジンマニホールド直下およびマフラー（消音器）の上流側床下の2カ所に配置される。最適な条件に電子制御されたエンジン排ガスの組成と温度の下で大気汚染物質である一酸化炭素、未燃炭化水素、窒素酸化

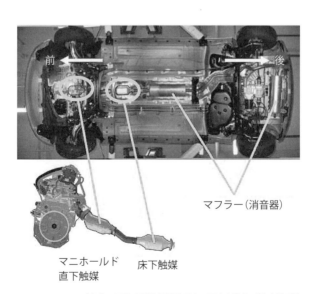

（出典：NEDO当該検討委員会、日産自動車（菅 克雄氏））

図2-1　ガソリンエンジンの触媒装置配置例（自動車の床下）

技術制約が大きいレアメタル

　人類は現在、レアメタルに関しては、地表近傍に濃縮した資源しか利用していない。採掘深度が深い白金族金属でさえも、1,000m程度の深さである。

　長期的にはロボット技術やIT技術の進歩によって、これまで人が立ち入ることが困難であった場所での遠隔操作型のロボットによる無人の資源探査・採掘技術の発展が期待される。したがって、技術の進歩によりレアメタルの可採埋蔵量は飛躍的に増大するものと期待できる。

　将来、深い深度の地底や海底の資源を低いコストで探査・採取する技術が確立され、なおかつ低いコストで有害物の無害化が行える技術が開発されれば、人類にとってレアメタルの資源供給制約というボトルネックは解消されるであろう。

　しかし、このような技術開発が発展して産業として利用されるのは、何十年も先のことと思われる。このため、当面は、特異的に濃縮した品位の高い鉱石のうち、地表近くに存在するものを、環境規制が緩慢な地域で採掘・製錬して利用するしかない。

　資源的な制約が存在しないにもかかわらず、技術制約によって普及が進んでいないレアメタルの代表格は、チタン（Ti）である。数多くの金属元素の中で、精錬の技術的な制約のみが原因で生産や普及が進まない例はむしろ少なく、チタンやスカンジウム（Sc）がその範疇に入っているだけである。

　将来、チタンの製造技術にイノベーションが起こり、ステンレス鋼と

① 資源供給制約のみが、メディアでは注目され、
② 技術制約や③ 環境制約については、あまり報道されない。
（企業も②と③については、報道されると困る場合が多い。）

レアメタルの生産と供給に関するボトルネックについて考えるにあたって考慮しなければならない主な項目

　同程度のコストでチタン合金が製造できるようになれば、資源的には無尽蔵で抜群の性能を有するチタンは爆発的に普及する可能性が高い。

　かつて、アルミニウムも、貴重なレアメタルであった。19世紀には、アルミニウムは夢の軽金属であったが、効率の良い量産技術が確立されていなかったため、レアメタルであった。その後、ボーキサイトから高純度のアルミナ（Al_2O_3）を製造する技術と、アルミナを溶融塩電解法により還元して金属アルミニウムを製造する技術、さらには、電力を安価に製造する技術革新が進んだため、レアメタルからコモンメタルに変身し、今では日常的に利用されている。

　技術革新により、現在はレアメタルと認識されているチタンがコモンメタルに変わる日が来るのが待ち遠しい。

物（窒素酸化物）、煤（粒子状物質）を触媒で分解して無害化する。

　多孔質で低熱膨張、軽量、高強度、高剛性、耐熱衝撃性に優れるコージェライト（$2MgO_2・2Al_2O_3・5SiO_2$）や金属製のハニカム構造体の表面に、触媒成分（白金族金属触媒、酸化セリウムなどの助触媒）を含んだスラリーを塗布して触媒コート層を形成する。

　ディーゼル車の場合、排出する煤、浮遊性微粒状物質を取り除くディーゼル粒子フィルター（DPF）の前段に酸化触媒を配置して一酸化窒素を酸化させNO_2を煤の燃焼に利用する連続再生式DPF、フィルター自体に酸化触媒を担持させた連続再生式DPFなどの利用形態もある。

　日本の自動車触媒では、排ガス規制強化に対応して、白金族金属使用量を増やした。ガソリン車は2005年頃まで、ディーゼル車は2010年頃まで、このような対応が続いた。同時に、2008年頃からコスト削減のため、より高価な白金を減らして、白金よりも安価なパラジウムを増やす傾向が続いた。

　白金、パラジウム、ロジウムの3元素で性能・単価が異なるため、自動車触媒の組成は、その時点の各元素の単価、性能、機能、自動車が走行する地域の環境規制値や燃料性状を勘案した配合になっている。2002年以降の白金単価はパラジウムよりも高くなっているため、これまで世界の自動車触媒は、システム全体としての浄化性能を維持または向上させつつ、担体や助触媒を工夫することで白金を減らしてパラジウムの使用比率を高める技術開発が進んできた。

　白金族金属は希少資源で、かつ高価であるため、使用済みの触媒や電子機器から、メタルが回収・リサイクルされている。

2-2 レアアース（ランタン、セリウム、ネオジム、ユウロピウム・テルビウム、ジスプロシウム、イットリウム）

周期表でランタンからルテチウム（Lu）までのランタノイド15元素にスカンジウム、イットリウムを加えた17元素を、レアアース元素と呼ぶ[注9]。英語では「rare earth element（REE）」と呼ばれる。中国語では「稀土」と書く。レアアース元素は化学的性質が互いによく似ていることから、ゼノタイムやイオン吸着鉱などの同じ鉱石中に相伴って産出し、単体として分離することが難しい。そのため、混合物であるミッシュメタルとして利用されることも多い。

レアアース17元素のうち、ここでは世界の各元素の年間需要が数万tのセリウム、ランタン、ネオジム、1万t未満のイットリウム、1,000t弱のジスプロシウム、各数百tのユウロピウム、テルビウムの7元素を対象とする。これらの名称は、元素が発見された欧州の地名や人名に由来するものが多い。例えば、18〜19世紀にスウェーデンのYtterbyで発見された4元素はyttrium（Y）、erbium（Er）、terbium（Tb）、ならびにytterbium（Yb）と命名された。

レアアースは、化学的性質が類似するために、各元素の分離に高度な技術を必要とすることも、特徴の1つである。

2-2-1 レアアースが求められている用途と需要

レアアース元素は欧州で発見されて、古くからさまざまな用途に利用されてきたが、近年になってからの新技術への利用は日本の発明が多く、レアアースを用いている三波長蛍光管[注10]を代替するLEDの実用

[注9] IUPACの定義。

[注10] 蛍光灯の内部にレアアース蛍光体を塗布したもので、昼光色、昼白色、白色、電球色などの発光色の品をそろえることができる。

化に寄与した。青色発光ダイオードGaNの発明で、2014年のノーベル物理学賞を受賞している[注11]。

強力な固体レーザー（YAG）や三波長蛍光管などで、レアアースが使われている。例えば、ランプ用蛍光体として、緑色は$LaPO_4：Ce, Tb$、赤色は$Y_2O_3：Eu$、白色は$Ca_{10}(PO_4)_6FCl：Sb：Mn$が知られている[注12]。酸化イットリウム（Ⅲ）Y_2O_3などに酸化ユウロピウム（Ⅲ）Eu_2O_3をドープした化合物はブラウン管カラーテレビの発光面、三波長蛍光管の蛍光体などに使われていた。青色LEDが製品化されてからは、ユウロピウムドープの$α$サイアロン[注13]が青色の補色である黄色蛍光体として用いられ、白色LEDに用いられている。

$Nd_2Fe_{14}B$相と数種類のネオジムリッチ相で構成される多結晶の磁性材料であるネオジム磁石は、日本の発明で、従来のSmCo磁石やフェライト磁石の性能を凌駕する最高性能の磁石であり、ネオジム合金磁石を耐熱用途として利用する場合、ジスプロシウムが添加されて、自動車、次世代自動車、ロボット、工作機械、風力発電機などで広く使われている。

セリウムは自動車触媒、ランタンはガソリン製造触媒、その他のレアアースは電子材料などに使われている。ニッケル水素二次電池（NiMH）は、1990年に世界で初めて、日本で量産化された。ユングナーによるニカド電池発明以来、およそ100年ぶりに新しい充電式電池が登場したことになる[注14]。有害なカドミウムを含まず環境面でも評価され、ニ

[注11] 高輝度で省電力の白色光源を可能にした青色発光ダイオードの発明、青色LED製品化などで、中村修二氏、赤崎勇氏、天野浩氏が共同で2014年のノーベル物理学賞を受賞した。

[注12] 日亜化学工業のランプ用蛍光体の場合。

[注13] サイアロン（SiAlON）は、窒化ケイ素（Si_3N_4）のシリコンと窒素（N）をアルミニウムと酸素（O）で置換した固溶体。

[注14] 一般社団法人　電池工業会。相次いで量産化に成功したのは松下電器産業、三洋電機。

カド電池の置き換えや、小型電子機器用途として普及してきた。

このように、レアアース元素は日本の先端産業を支える重要元素である。日本のレアアース需要は世界需要の半分を占めており、関連する下流製品の出荷シェアも大きい。

ランタンの需要

表2-2で、ランタンの世界、日本、中国における需要構成の変化を見てみよう。

世界のランタン需要では、2008年から2013年にかけて、石油精製向け流動接触分解（FCC）触媒、水素吸蔵合金（車載のニッケル水素二次電池など）、鉄鋼・鋳造、蛍光体、研磨材の5分野で需要量が減少し、自動車触媒、セラミックスでは増加したものの、全体の需要は8%減少した。FCC触媒は、石油精製会社の製油所で使われる。製油所では、原油を蒸留精製して、石油化学原料、ガソリンなど各種製品を生産す

表2-2 ランタンの需要構成の変化

単位：メタル純分 t

地域	世界		日本		中国（輸出を含む）	
年	2008	2013	2008	2013	2008	2013
FCC触媒（石油の改質でガソリンを製造）	12,491	12,270	767	256	3,922	5,758
水素吸蔵合金（NiMH電池）	7,397	6,538	1,548	2,600	4,656	4,755
鉄鋼・鋳造	2,836	2,032	313	175	1,782	1,342
光学ガラス	1,492	1,492	1,023	256	1,023	1,151
フェライト磁石	725	725	725	725	—	—
蛍光体	981	554	128	60	597	469
排ガス触媒（自動車）	428	522	192	281	171	297
研磨材	469	341	2,955	460	171	256
セラミックス	298	341	256	128	213	171
その他	1,706	1,535	—	—	1,492	1,109
合計	28,823	26,350	7,907	4,941	14,027	15,308

（出典：MCTR試算）

る。FCC触媒は原油中の沸点の高い低価値の成分（減圧軽油または残油）を効率良く分解して、沸点の低い高価値なガソリンや中間留分を、より多く生産する役割を担っている。水素吸蔵合金（ランタンニッケル、$LaNi_5$など）の用途は、ニッケル水素二次電池（NiMH）で、ハイブリッド車（HEV）に使われている。この5年間で日本のランタン需要は研磨材が1/6、光学ガラス添加剤が1/4になるなど落ち込みが大きく、水素吸蔵合金の増加（1.7倍）を加味しても、全体で4割近い減少となった。

中国のランタン需要は、FCC触媒向けが47％増加したことなどから、2008年時点で供給過剰であったランタンは、2013年になってタイトになった。2013年は、FCC触媒と水素吸蔵合金向けで全需要の69％を占めている。鉄鋼・鋳造合金、蛍光体、セラミックスは減少したが、自動車触媒と研磨材では増加し、需要量合計で9％増加した。

セリウムの需要

表2-3で、2008年から2013年の5年間でのセリウムの需要構成の変化を検討した。

世界のセリウム需要では、自動車触媒、セラミックスで増えて、研磨材、鉄鋼・合金、ガラス添加剤では減少した。需要全体としては、約1割強（約4,500t）の減少となった。そのうち、研磨材需要は減少したものの、2013年の需要全体の3割を占めており、触媒の2割とともに、セリウムの主な用途となっている。

日本のセリウム需要は、この5年間で、研磨材が1/5に減少し、光学ガラス添加剤が半減する一方で、自動車排ガス触媒、FCC触媒が倍増した。国内需要トータルは4割減少した。酸化セリウムは、液晶パネル研磨に必須であったが、効率的に利用して消費を減らしたり、酸化ジルコニウムで代替するなど、官民の「レアメタル代替・低減対策」が功を奏して、需要が減少した。

表2-3 セリウムの需要構成の変化

推定値（単位：メタル純分 t）

地域	世界		日本		中国（輸出を含む）	
年	2008	2013	2008	2013	2008	2013
研磨材	13,636	11,438	7,327	1,368	5,088	8,588
自動車触媒ほか	6,487	7,708	1,425	3,053	2,519	4,312
鉄鋼・鋳造	6,989	5,120	625	350	4,394	3,425
ガラス添加剤	6,797	4,803	814	448	4,640	3,704
水素吸蔵合金（NiMH電池）	1,233	904	238	400	775	604
蛍光体	651	651	0	49	407	529
FCC触媒	432	514	407	733	168	287
セラミックス	285	326	―	―	204	163
その他	4,274	4,762	―	―	3,378	2,605
合計	40,784	36,226	10,836	6,401	21,573	24,217

(出典：MCTR試算)

中国のセリウム需要は、この5年間で、研磨材、自動車排ガス触媒、FCC触媒がいずれも1.7倍、蛍光体が1.3倍に増加、ガラス添加剤、鉄鋼・鋳造合金が減少した。需要量合計では1割強（約2,600t）増えた。

ネオジムの需要

表2-4で、2008年から2013年の5年間でのネオジムの需要構成の変化を検討した。

世界のネオジム需要は、その9割を占める磁石用途が1割強減少したことが支配的であり、需要全体でも1割強減少した。セラミックス用途、触媒用途では増加、鉄鋼・鋳造用途、ガラス添加剤用途は減少した。

日本のネオジム需要は、2013年までの5年間で、触媒、セラミックスで増加したが、主用途の磁石では2割減であったことから需要合計で850tの減少となった。従来、磁石工程で生じる3割程度の研磨くずなどは磁石合金、永久磁石材料として中国などに輸出されてリサイクルされ

表2-4 ネオジムの需要構成の変化

推定値（単位：メタル純分 t）

地域	世界		日本		中国（輸出を含む）	
年	2008	2013	2008	2013	2008	2013
磁石	19,586	16,629	3,851	2,954	14,871	14,357
セラミックス	729	814	171	183	471	429
触媒	300	386	167	216	129	214
重合開始触媒	—	—	171	154	—	—
鉄鋼・鋳造	471	343	—	—	300	214
ガラス添加剤	300	214	—	—	214	171
研磨材	43	43	—	—	0	43
その他	86	86	—	—	86	43
合計	21,515	18,515	4,360	3,507	16,071	15,471

（出典：MCTR試算）

ていたが、国内各社のリサイクル設備が2013年から稼働して、国内企業によるリサイクルが行われるようになった。リサイクル工程の一部は海外でも実施されている。

　中国で2008年から2013年にかけて、全ネオジム需要の9割を占める磁石が3％程度減、他の用途では触媒と研磨材が増えて、セラミックス、鉄鋼・鋳造、ガラス添加剤が減った結果、需要全体では4％の減少となった。

ユウロピウム・テルビウムの需要

　表2-5、表2-6で、2008年から2013年の5年間でのユウロピウム、テルビウムの需要構成の変化を検討した。

　ユウロピウムの需要変化だが、世界全体では、蛍光体での減少は小さい。ユウロピウムの場合、世界需要に対して中国の需要が大きいために、中国の需要が世界の需要に直接反映している。

　日本のユウロピウム需要では、蛍光体用途で需要が半減した。これは、蛍光体の用途である蛍光管（照明、液晶テレビのバックライトな

表2-5　ユウロピウムの需要構成の変化

推定値（単位：メタル純分t）

地域	世界		日本		中国（輸出を含む）	
年	2008	2013	2008	2013	2008	2013
蛍光体	268	229	38	15	164	190
磁石	22	17	—	—	22	17
その他	13	30	—	—	—	—
合計	303	276	38	15	186	207

(出典：MCTR試算)

表2-6　テルビウムの需要構成の変化

推定値（単位：メタル純分t）

地域	世界		日本		中国（輸出を含む）	
年	2008	2013	2008	2013	2008	2013
磁石	391	55	15	10	332	51
蛍光体	119	89	25	10	72	72
その他	34	47	—	—	21	17
合計	544	191	40	20	425	140

(出典：MCTR試算)

ど）がLED化されて、冷陰極管需要がなくなったことによる。中国のユウロピウム需要では、蛍光体用途が増加している。

　テルビウムの世界需要は、この5年で大幅に減少している。これは、中国の磁石用需要の減少を反映していることによる。

　日本の需要では、照明用でのLEDへの転換を反映して、テルビウムの蛍光体需要が半減した。中国のテルビウム需要は、磁石向けが減ったため、テルビウム需要全体が過去の約1/3になった。

ジスプロシウムの需要

　表2-7で、2008年から2013年の5年間でのジスプロシウムの需要構成の変化を比較した。

表2-7　ジスプロシウムの需要構成の変化

推定値（単位：メタル純分t）

地域	世界		日本		中国（輸出を含む）	
年	2008	2013	2008	2013	2008	2013
磁石（主にモーター用）	989	663	—	—	788	579
その他	13	13	—	—	9	4
<磁石の内訳として>						
HEV/EV	—	—	53	129	—	—
FA	—	—	120	108	—	—
VCM	—	—	50	29	—	—
その他自動車	—	—	25	19	—	—
家電製品	—	—	17	16	—	—
その他用途	—	—	485	200	—	—
合計	1,002	676	750	501	797	583

注）HEV/EV：ハイブリッド車/電気自動車、FA：ファクトリーオートメーション、工作機械、製造用ロボット、VCM：ハードディスクのモータ（Voice Coil Motor、ハードディスクのヘッド駆動用モータ）

（出典：MCTR試算）

　日本と中国のジスプロシウム需要の合計は、2008年に1,547t、2013年に1,084tで、世界の総需要より大きい値となっている。これは、中国の需要を推定した際に、輸出分を含む値になっていることによると考えられる。ジスプロシウムはレアアース磁石の添加剤として利用されること、レアアース磁石の用途製品は多岐にわたり、ジスプロシウム含有量も千差万別であることから、推計が困難である。

　2013年の国内のジスプロシウム需要は、5年前に比べて、次世代自動車推進モーター向け磁石用途で2.5倍、約80t増加した。しかし、他の磁石での用途は減少、その他分野も大きく減少し、ジスプロシウム需要量合計では3割減となった。この間、中国で磁石需要が約200t減少、世界全体で磁石向けジスプロシウム需要が3割強減少し、需要量合計でも約330t、33%減少した。これは在庫調整や無用なジスプロシウムの添加が改善された結果と推測する。

イットリウムの需要

表2-8で、2008年から2013年の5年間でのイットリウムの需要構成の変化を検討した。

2013年にかけて、世界の蛍光体需要は減少している。この減少は蛍光体の日本市場での需要減少分（29％）よりも若干小さい。

日本のイットリウム需要は、この5年間で半分以下になった。これは蛍光体の従来の用途分野である三波長蛍光管や冷陰極管向け需要の減少による。液晶テレビのバックライトに使われる冷陰極管がLEDに置き換わった。また、LEDの長所を活用した大型の照明器具は十分な明るさがあり、光色や明るさをリモコンで調整できるなどの高機能製品の低価格化が進み、一般家庭にも普及してきた。

照明用途では、青色チップと黄色蛍光体（YAG蛍光体：イットリウム、アルミニウム、ガーネット）を組み合わせた白色LEDがある。LEDランプの蛍光体の量は、長年利用されている三波長蛍光管の場合に比較してわずか（約1/200以下）であり、今後、LEDの一層の普及により、イットリウム需要は減ることになる。

中国のイットリウム需要は、2008年から2013年にかけて若干減少している。

表2-8　イットリウムの需要構成の変化

推定値（単位：メタル純分 t）

地域	世界		日本		中国（輸出を含む）	
年	2008	2013	2008	2013	2008	2013
蛍光体	3,396	2,550	669	197	2,082	2,101
Zrセラミックス	2,605	2,880	118	102	1,735	1,487
NiMH電池などの添加剤	79	94	79	94	—	—
光学ガラス	79	24	79	24	—	—
その他	—	—	118	47	51	43
合計	6,159	5,548	1,063	464	3,868	3,631

（出典：MCTR試算）

2-2-2　主用途で求められるレアアースの機能

　レアアースはさまざまな機能性材料の構成要素として、少量で大きな影響力がある。以下に、具体的な事例を挙げて説明する。

1) 研磨機能（酸化セリウム）

　セリウムの酸化物は、液晶パネル研磨剤として重要な材料である。研磨に用いる場合は、純度や不純物、結晶構造、製法、粒子形状が重要となる。酸化セリウム（CeO_2）は、機械的研磨とともに、ガラス（SiO_2）の表面シリコン（Si）の一部をセリウムで置換（化学的相互作用）して平滑化する機能がある。このような機能により、機械的研磨だけに頼るよりも研磨精度が向上する。半導体向けシリコンウエハーはコロイダルシリカを含むスラリーで研磨するが、この場合も化学的相互作用がある。

2) 触媒機能、助触媒機能（酸化セリウム、酸化ランタン、酸化イットリウム）

　セリウムにはⅢ価とⅣ価がある。酸化セリウム（Ⅳ）（CeO_2、セリアとも呼ぶ）は酸素吸蔵能力を持ち、白金族金属を成分とする自動車触媒の助触媒として、酸素過剰域では酸素を吸蔵し、酸素不足域では酸素を放出、即ち、一酸化炭素および未燃炭化水素を酸化して無害化する機能を持つ。

　レアアース（ランタン）の用途先であるFCC触媒の役割は、石油製品の需要構成の変化で余剰となった沸点の高い成分（4割以上）[注15]を軽質化して、より沸点が低く付加価値の高い高オクタン価ガソリンやLPG留分を生産するとともに、石油化学原料であるプロピレン（プラ

(注15)　　触媒工業協会。

スチックなどの原料）も増産するなど、需要に見合った製品比率の確保を可能にしている点は、日本の基礎素材産業への貢献度が大きい。

3) 水素を吸蔵する機能（ランタン・ニッケル合金）

ニッケルとレアアース（ランタン）の合金は、水素を吸蔵する機能があり、ニッケル水素電池（NiMH）に利用されている。NiMH電池は、正極に水酸化ニッケル、電解液に水酸化カリウム溶液（KOH）、負極材料に水素の貯蔵も兼ねて水素吸蔵合金であるミッシュメタルを使用する。NiMH電池は、リチウムイオン電池（LiB）に比べて、価格、信頼性面では勝っているが、重く、エネルギー密度が小さいため、PHEV、EV向きではない。欧米自動車メーカーはリチウムイオン電池だが、国内自動車メーカー（代表的車種「プリウス」「アクア」など）のHEVでは引き続き利用されており、当面の需要の伸びは大きい。

4) 鉄鋼・鋳造添加剤（レアアース）

レアアース酸化物粒子は、鉄の凝固に必要な核生成の触媒としての機能がある。

5) 屈折率を調整機能（ランタン）

レアアース（ランタン）は、光学ガラスの添加剤として、ガラスの屈折率を調整する機能がある。

6) 磁石（Nd-Fe-B-Dy）

日本の研究者が発明したNd-Fe-B-Dy磁石でモーターの小型軽量化を図ることができる。日本企業は、独自の磁性材料をてこに、HEV、PHEV、EV、風力発電などの革新的省エネルギー技術、インダストリー4.0政策の構成要素となる、自動化、工作機械、ロボットなどの次世代産業を牽引する分野において、先導的な役割りを果たしており、国富の

増大に寄与している。

　Nd$_2$Fe$_{14}$Bのネオジムの一部をジスプロシウムで置換することで主相の結晶磁気異方性を高め、それにより保磁力を高めているのがジスプロシウム含有焼結磁石であり、ジスプロシウムは、Nd-Fe-B磁石が自動車などの高い動作温度（常温〜200℃）でも保持力を維持し、モーターが高い性能を維持することに役立っている。

7) 蛍光体（ユウロピウム、テルビウム、イットリウム）

　LEDは日本がリードする産業技術の1つであり、蛍光体や素子としてのレアアース元素の機能が欠かせない。

8) セラミックスの高温安定化（イットリウム）

　レアアースには、セラミックスの物理化学的な性質を向上させるさまざまな機能がある。一例として、レアアースを添加したイットリア安定化ジルコニア（YSZ）は、硬度が高くイオン伝導性に優れている。また、高温（600℃以上）で固体電解質となり、固体酸化物型燃料電池（SOFC）に使われている。

2-2-3　レアアースは最終製品としてどのように使われているか

　表2-9に、本章で示したレアアースの大まかな用途ごとの需要量の桁数を、＋印で示した。

　この表にも現れている通り、レアアースは鉄・アルミニウムなどのような構造材料としてではなく、触媒、複合的な機能材料、主材に高機能を付与する添加剤、助剤などとして特徴を発揮する場合が多い。

　最終製品としては自動車、小型家電製品に必須の成分であり、レアアースの経済的な波及効果は、国内だけで20兆円前後と試算されている。

表2-9 レアアースの工業用途（世界、2013年）

推定値（単位：メタル純分t）

レアアースの工業用途 （括弧内は最終製品）	La	Ce	Nd	Eu	Tb	Dy	Y
研磨材（ガラス、液晶カバーガラス、ハードディスクなど）	+++	+++++	++	－	－	－	－
石油分解（FCC）触媒、その他触媒（ガソリン、化学製品）	+++++	+++	+++	－	－	－	－
水素吸蔵合金（Ni-MH電池）	++++	+++	－	－	－	－	++
鉄鋼・鋳造（精錬、構造材料）	++++	++++	+++	－	－	－	－
光学ガラス屈折率調整（カメラ、光学機器）、紫外線吸収	++++	++++	+++	－	－	－	++
磁性材料（磁石：次世代自動車、自動車、風力発電、携帯電話、ハードディスク、ロボット）	+++	－	+++++	++	++	+++	－
蛍光体→照明、ディスプレイ、LED	+++	+++	－	+++	++	－	++++
自動車触媒、化学工業触媒（自動車、化学・樹脂製品）	+++	++++	+++	－	－	－	－
セラミックス（コンデンサ、燃料電池）	+++	+++	+++	－	－	－	++++
その他（ターゲット、合金など）	++++	++++	++	++	++	++	+++
上記用途計（需要量の桁数）	+++++	+++++	+++++	+++	+++	+++	++++
再掲（需要量推計値　87,770）	26,350	36,226	18,515	276	191	676	5,548

注）「+」1つが需要量1桁に対応。－：需要がない、または情報がない

　レアアースのうち、ランタノイドの15元素は、原子を構成する電子軌道に「4f軌道」という特徴的な電子軌道を有するため、化学的な性質が類似するほか、優れた光学特性や磁気特性などを発現する。この特性を利用した用途としては、光磁気記録材料、MRI造影剤、永久磁石、磁気冷凍、磁気センサ、磁歪材料、超伝導材料、蛍光体、光増幅ファイバー、赤外線レーザー、ガラス着色剤、熱電変換材料などがある。

　イオン半径、電荷、外殻電子の状態、化学的性質など、原子の外殻構造に起因する性質を利用した用途としては、触媒（ブタジエン重合、インテリジェント触媒、CO酸化、炭化水素酸化）、蛍光体、センサ（酸

素、フッ素イオン、SO_2)、燃料電池（酸化物形電解質、空気極）、サーミスタ、セラミックキャパシタ、圧電体、光ファイバー、ガラス消色剤、紫外線吸収剤、蓄電池（水素吸蔵合金）、電子ビーム陰極材料、高温超伝導材料、ガラス研磨剤、マイクロ波吸収体、光アイソレータ、ハードディスク、多価イオン固体電解質、原子炉材（遮蔽材）、高輝度ハライドランプなどがある[注16]。

2-3 タンタル

　タンタルの酸化物Ta_2O_5は誘電体として性質が優れているためコンデンサに使われている。タンタルコンデンサは、自動車制御デバイス、GPSカーナビゲーション[注17]など、過酷な環境下で信頼性が求められる電子部品に利用されている。

　金属タンタルは、融点が3,017℃、比重が16.69で、いずれもタングステンに次ぐ。また、展性、延性に富むほか、耐食性にも優れる。これらの性質を利用して、高温炉用ヒーター、耐熱材、熱交換器などに利用される。また、人体に無害とされているため、人工骨、歯科材料（インプラントのネジ）に用いられる。

(注16)
　　三徳　当該委員会2014年10月および「総合資源エネルギー調査会 資源・燃料分科会 鉱業小委員会発表資料より」
(注17)
　　GPS：全地球測位システム

表2-10 タンタルの用途別需要の変化

推定値（単位：メタル純分t）

項目 用途 \ 年	世界			日本			
	2008	2012	2014	2008	2012	2013	2014
粉末（Capacitors: コンデンサ向け）	910	655	550	214	159	135	115
延伸材（Mill products）	170	185	165	—	—	—	—
化合物（炭化タンタルおよび五酸化タンタル）	210	151	147	106	97	85	93
超合金（Superalloys） 航空機など	290	319	365	—	—	—	—
化学製品（酸化物、化学製品）Oxides/chems.ides/chems	140	168	170	—	—	—	—
加工品（主にスパッタリングターゲット）	190	202	205	124	154	121	110
合計	1,910	1,680	1,602	444	410	341	318

（出典：日本の値は、新金属協会「タンタルの国内需要推移」による。粉末の国内需要はタンタルコンデンサ向け（電子品）のみであり、工業品は含まない。化合物＝炭化タンタルおよび五酸化タンタルの需要。加工品＝主にスパッタリングターゲット品。財務省貿易統計の輸入・輸出は、塊・粉、くず、フッ化物、製品・その他に区分されている。世界の需要は次の資料による:Tantalum Market Overview, Patrick Stratton, Roskill Information Services and David Henderson, Rittenhouse International Resources. 用途区分は出典に従った（Capacitors、Mill products、Carbides,Superalloys, Chemicals, Sputtering targets））

2-3-1 タンタルが求められている用途と需要

表2-10に示す通り、タンタルの用途の半分以上はコンデンサ向け粉末である。

タンタルコンデンサは小型化が可能で、使用温度範囲、厳しい振動環境下での信頼性が高いため、ノートパソコン、デジタルカメラ、携帯電話、自動車制御装置、電話基地局などに使われている。しかし、商品が普及期に入ると、より低価格のアルミコンデンサ、セラミックコンデンサに代替されるなどで、タンタルの国内需要は、2008年以降、減少傾向にある。

国内および世界の市場[注18]

- コンデンサ：タンタルの需要の半分を占めるコンデンサ向け（タンタルメタル粉末）の需要は、2014年に落ち込んだ。これは、生産拠点の海外移転[注19]により、コンデンサ生産量が10％程度減少したことによる[注20]。2015年はスマートフォン、通信設備などの用途で堅調な出荷が予想され、タンタルコンデンサ生産は上向くと見られている
- 化合物：スマートフォンに使用される表面弾性波（SAW）デバイス向けタンタル酸リチウム（$LiTaO_3$）が好調で、超硬工具向け焼結品（WC/TiC/TaC）でも堅調であったが、光学レンズ添加剤向け酸化タンタル（Ta_2O_5）は低迷した。$LiTaO_3$は電子機器用フィルターとして、テレビ、ビデオ、携帯電話、デジカメ、パソコンで利用される
- スパッタリングターゲット材原料：市場は回復基調にある。半導体の製造における、物理的蒸着（PVD）加工プロセスで、タンタルを半導体の回路基板に「スパッタ」すると、薄膜拡散バリア層が形成され、銅相互接続を保護することができる。磁気記憶媒体、インクジェットプリンターのヘッド、フラットパネルディスプレイ（FPD）などにも使われる
- 合金：融点が高く、組織制御にも適した元素であるため、主用途に次ぐのは合金用添加剤である。ここ数年、航空機エンジン、発電用タービン、自動車用ターボチャージャー向け耐熱スーパーアロイの生産が堅調である。炭化タンタルは、硬度が高く、切削工具に最適である
- 化学処理装置：耐食性と耐熱性に優れるため、化学・製薬産業の容

(注18) グローバルアドバンストメタル社（GAM）のタンタル製品に関する記述、およびマイナーメタル・トレード・アソシエーション（MMTA）の記事 "Tantalum Market Overview" ほかからとりまとめた。
(注19) 一般社団法人　新金属協会
(注20) 経済産業省機械統計

器、パイプ、バルブ、熱交換器のライナーの素材になっている
- その他の用途：強度、延性、靱性、耐食性、熱伝導率、高融点が要求されるその他用途に用いられる。砲弾類、外科用インプラント材料・縫合材料など

2-3-2　主用途で求められるタンタルの機能

酸化タンタル（Ta_2O_5）は誘電率が大きいので大容量（0.47μ〜$1,000\mu F$）[注21]のコンデンサとして利用される。タンタル金属粉の表面に五酸化タンタルの被膜を形成して誘電体としている。他のコンデンサに比べ小型・大容量であること、セラミックコンデンサの大容量品と比較して電圧・温度に対して容量の安定性が非常に高いことが、特徴である。アルミ電解コンデンサは、耐圧・容量（47μ〜$10,000\mu F$）の品種豊富で安価であるが、液漏れによる寿命がありサイズが大きい。積層セラミックコンデンサ（0.001μ〜$100\mu F$）は高周波特性が良いが、容量変化が大きく、割れ・欠けがある。フィルムコンデンサは、耐圧が高いが容量は少ない（0.001μ〜$100\mu F$）。

超硬工具向けタンタルカーバイト（TaC）は、タングステンカーバイト（WC）工具の靱性（刃先の欠けにくさ）を向上させる。セラミックス材料分野への用途としては、超伝導材料、高誘電率材料、永久磁石材料、半硬質磁性材料、光ファイバー材料、太陽電池などとして利用されている。

[注21]
　　容量の数値はロームのウェブサイトの事例。μF（マイクロ・ファラッド）はコンデンサの容量の単位。

環境制約が大きいレアメタル

　レアアースというと埋蔵量の問題がクローズアップされることが多いが、実際の問題は別のところにある。

　レアアースの中でも、ネオジム（Nd）などの軽希土類については、資源の埋蔵量自体は大した問題ではなく、環境制約が大きな問題となっている。ネオジムを含む鉱石は、世界中に豊富に存在し、現在の需要からすると地上の資源だけでも優に数百年分の埋蔵量が確認されているので、事実上、無尽蔵といってよい。しかし、このネオジムの鉱石を採掘して製錬する過程で環境に大きな負荷を与えてしまうことが問題である。

　採掘に伴う環境破壊を考えなければ、ネオジムなどの軽希土元素は極めて低いコストで生産ができる。ただし、製錬に伴って発生する処理困難な廃棄物を適正に処理しなければ、環境破壊は必至である。したがって、地域・国における規制に伴う環境コストの違いにより、生産や物流の態様が大きく変化する。

　日本のように環境規制が厳しい国に、放射性元素などの難処理有害物を含むレアアースの鉱石を持ち込んで製錬することは、環境コストが高くついて採算がとれない。有害物の処理コストを考えると、日本での鉱石を用いる製錬は商業的に極めて困難であり、ネオジムの供給については、環境制約が主たるボトルネックとなる。

　レアアースを工業製品として利用する際、酸化物の原料を製造する場合には溶媒抽出法（SX）という分離精製技術を使い、金属や合金を製造する場合には溶融塩電解法（MS-EW）という技術を使う。これらの

技術は確立された製錬技術であり、技術的には日本をはじめ世界各地どこでも行うことは可能である。しかし、溶媒抽出法を利用すると重金属を多量に含む酸や有機溶媒の廃液が発生し、溶融塩電解法を利用するとHFガスなどのフッ化物を含む排ガスが発生する。

環境規制が厳しい日本では、環境対策のためのコストが莫大となるため、レアアースの製錬は海外で行う方が安価にできるというのが現状である。現時点では、レアアースの溶媒抽出や溶融塩電解のプラントは中国に一極集中しているが、これは環境制約の地域格差によって生じたものである。

日本では、資源量の偏在のみに注目した報道が行われることが多い。しかし、環境負荷やプロセスコストを度外視した産業政策の議論はナンセンスである。国益にも影響する問題は、表面的な事象のみを追わず、正確な認識のもとにポイントを押さえて議論することが肝要である。

Tailing dam / 廃鉱滓処分場

2-3-3 タンタルは最終製品としてどのように使われているか

　タンタルの最終製品としては、コンデンサなどとして自動車、輸送用機器などの制御系電子部品、携帯電話、パソコン、デジタルカメラ、超硬工具などに必須の製品である。タンタル製品は、日本の産業競争力維持に必須であり、経済的波及効果が大きい。各種統計などから、原料段階での経済規模は100億円、タンタルコンデンサとしては200億円前後と推定できる。最終製品の売上額は、国内だけで5兆円前後と試算した。

2-4 タングステン

　タングステンは、高融点（3,420℃）、高密度（19.3g/cm^3）、高導電性、低熱膨張、ダイヤモンドに次ぐ硬さ、放射線遮蔽、強度や弾性に富むなどの性質があり、タングステンカーバイト・コバルト（WC-Co）合金として超硬工具（切削工具、金型）の素材に用いられている。タングステンの他の用途としては、プラント・発電所の遮断機[注22]（接触子）や照明電極[注23]、触媒、顔料など幅広い用途でも使用される。

　日本はタングステン原料をパラタングステン酸アンモニウム（APT）、三酸化タングステン（WO$_3$）やフェロタングステン（FeW）などの中間製品として輸入しており、超硬工具の原料となるAPTやWO$_3$などはその大半を中国に依存している。世界のタングステン鉱石

[注22] 銅（10～70重量％）のタングステン合金で、油やSF$_6$ガスを封入した電力遮断器の接点に使われる（日本タングステン社など）。

[注23] 高品質照明用W・Mo電極材料、例えば、映写機や液晶製造・半導体製造用露光装置など（製造はプランゼージャパン社など）。

表2-11　タングステンの世界各地域の需要量

推定値（単位：メタル純分t）

用途 \ 年	世界 2008	世界 2013	日本 2008	日本 2013	中国 2008	中国 2013	北米 2008	北米 2013	欧州 2008	欧州 2013	ロシア、その他 2008	ロシア、その他 2013
超硬合金	47,800	55,600	6,640	5,060	17,920	24,410	8,040	10,720	13,120	12,830	2,080	2,580
特殊鋼/タングステン合金	21,750	22,950	1,750	1,330	11,980	12,920	1,610	1,980	3,120	3,060	3,290	3,660
金属製品	10,280	12,840	260	200	4,570	6,210	2,310	3,250	2,700	2,640	440	540
化学製品/その他	1,400	1,600	90	70	670	840	220	290	350	340	70	60
合計	81,230	92,990	8,740	6,660	35,140	44,380	12,180	16,240	19,290	18,870	5,880	6,840

（出典：MCTR試算）

生産の8割強を占める中国では、自動車生産に使用する超硬工具を中心に需要が急拡大している。

2-4-1　タングステンが求められている用途と需要

タングステン

　表2-11に示す通り、2013年の世界全体の需要量は約93,000tで、2008年に対して約12,000t（純分）増加している。世界需要の6割が超硬合金向け用途である。2008年以降、用途内訳に大きな変化はなく、超硬合金が60％前後、特殊鋼／タングステン合金が26％前後である。2013年のタングステンのリサイクル量は約21,600t（純分）であり、世界需要量の23％に相当する。

　日本国内のタングステン需要は、2008年から2013年の5年間で、2割減少した。世界的金融危機（2008年9月のリーマンショック）の影響を強く受けた2009年を除いては、2008年から用途構成に大きな変化はなく、超硬合金用が75％、特殊鋼／タングステン合金20％、金属製品3％、化学製品およびその他が2％であった。

超硬合金の用途先である超硬工具の主なユーザーは工作機械業界で、工作機械は自動車およびその部品製造に使われる。自動車生産台数の落ち込みを受けて、2013年のタングステン需要量は前年比3％減となった。表2-11でタングステン合金はスーパーアロイ（超合金）、その他合金[注24]であり、化学製品／その他は釉薬、顔料、染料、潤滑剤である。

超硬合金

超硬合金の主な用途である超硬工具の国内市場規模は、世界的金融危機の2009年を除けばおおむね3,000億円で推移している。超硬工具メーカーの用途別出荷比率は、自動車や航空機などの輸送機械の加工工具が全体の4割を占めて最大である。超硬工具が装着される工作機械市場を見ると、日本の工作機械各社の2014年受注額がバブル崩壊前の1990年と世界的金融危機前の2006年を上回り、1兆5,094億円になった（前年比35％増）[注25]。

2013年の超硬合金向けタングステンの需要量は、2008年と比較すると約8,000t増加しており、金融危機による落ち込みはあるものの、中国を中心に増加傾向である。超硬合金の原料となるタングステンカーバイド（WC粉）の消費量推移（図2-2）を見ても、中国の消費量が大きく伸びていることがわかり、中国は2013年の世界消費量の4割強を占めている。

(注24)
　　例としてヘビーアロイ：タングステンを主成分とし、バインダー相をニッケル・銅・鉄などで構成したタングステン基焼結合金であり、タングステンを主成分とするため高比重である。純タングステンと比較して切削加工が容易なことから種々のおもりとして広く使用される。放射線の遮蔽にも優れており、遮蔽材としても使用される。
　　(http://www.nittan.co.jp/products/heavy_alloy_002_002.html)

(注25)
　　一般社団法人日本工作機械工業会「工作機械主要統計」による。一般社団法人日本ロボット工業会によれば、2014年における産業用ロボットの総受注額は6,037億円で、前年比で18％増だった。

第 2 章　求められるレアメタル（需要）

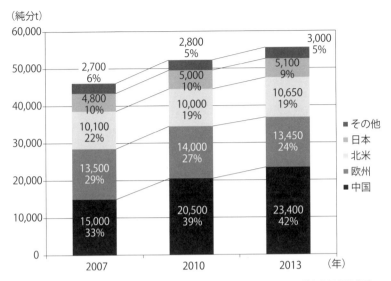

(出典：Roskill,Tungsten: Market Outlook to 2018, 11th edition, 2014の値からMCTR作図。
「http://www.roskill.com」)

図2-2　WC粉の国別消費量の推移

2-4-2　主用途で求められるタングステンの機能

　タングステンの主用途は超硬合金向けWCであり、超硬合金は超硬工具の主素材となっている。その組成はWC粉末を、鉄・コバルト・ニッケル金属粉を結合剤として高温で焼結したものである。超硬工具の8割を占める用途は切削工具であり、次いで耐磨耗工具、鉱山土木工具などである。切削工具には高温・高圧が作用するため、その材料は硬く、磨耗しにくいことが重要である。また、断続切削となる多刃工具の場合、刃先に衝撃力も作用するため、靱性（タフネス、ねばさ）が高いことも重要となる。

- 切削工具で、硬くて磨耗が生じにくい材料はもろくて靱性が低いという特性がある。靱性という点では高速度鋼が最も高い。衝撃に強いため断続切削に適すが、硬さを必要とする高速切削には不適であ

75

る
- ダイヤモンドは、硬度という点でみると最も優れるが、鉄と容易に化学反応して磨耗が進行するため、非金属や非鉄金属の切削加工に用いられる
- ダイヤモンドに次いで硬い立方晶窒化ホウ素（cBN）は、高温硬度が高いので、焼入れ鋼材の切削に適用可能である

　切削工具材料の中で硬さと靱性をバランス良く兼ね備えているのが超硬合金である。超硬合金の組成はWC-(Ti, Ta)C-Co合金（コバルトは結合相）で、硬質相のWC含有率は70～80%であり、耐磨耗工具用超硬合金の主体はWC-Co合金で、WC含有率は80～90%である。
　この超硬合金は1920年代に開発された古くから利用されている材料であるが、その後、サーメット、セラミックスなど多くの耐熱性硬質材料が開発されてきたにも関わらず、超硬合金を上回る材料は出てこない。
　ただし、超硬合金の硬度、耐反応性、高温強度は、他の硬質材料（セラミックスなど）に劣るため、表面をアルミナ（Al_2O_3）や炭窒化チタン（Ti (C, N)）の膜でコーティングした工具が研究開発され、コーティング技術が高度化している[注26]。

2-4-3　タングステンは最終製品としてどのように使われているか

　最終製品としては、超硬合金は超硬工具として、特殊鋼（高速度鋼[注27]など）は切削工具や金型として、自動車その他の輸送用機器などの部品

(注26)
　　松原秀彰, 松田哲志, 化学経済　57（7）, 61（2010）
(注27)
　　耐磨耗性・耐熱性に優れた特殊鋼で、金属材料の高速切削に適する。ハイスピード-スチールから「ハイス」とも呼ばれる。ハイスの代表的な組成はタングステン18%、クロム4%、Vバナジウム1%、および0.7%のC、モリブデンやコバルトを加えたものもある。

表2-12　日本の超硬合金生産におけるレアメタル消費量

		2008年	2009年	2010年	2011年	2012年	2013年
超硬チップ生産量（t）		4,896	3,719	5,523	5,888	5,341	5,365
消費量（純分t）	タングステン	3,770	3,093	4,652	4,688	4,150	4,221
	コバルト	433	333	494	519	449	441
	チタン	61	46	91	86	71	70
	タンタル	29	24	40	43	19	20

（出典：日本機械工具工業会（旧超硬工具協会）の統計から作成）

製造に必須である。タングステン合金は航空機、エアコンなどのタービン部材になる。電子・電気機器分野では、フィラメント、接点、電極などにも使われる。化学産業では触媒の成分にもなっている。

タングステンの経済的波及効果は、国内だけで26兆円前後と推定できる。

日本の超硬合金生産におけるレアメタル消費量を表2-12に示す。超硬合金の単位生産量あたりのタングステンおよびコバルト消費の割合は、統計的には若干の減少がみられる。

切削加工を行うにあたっては、被切削材の材料によって最適な切削工具材料があり、ISO規格では被切削材を6系列に分類している。同じ鉄系の被切削材でありながら適用される超硬合金の材料系が異なるのは、発生する切屑の形態が異なり、それによって工具寿命を左右する工具の損傷パターンが異ってくる[注28]。

WC-TaC-TiC-Co系超硬合金は、主な被削材の種類が鋼、ステンレス鋼で、それぞれP系列、M系列と分類されている。WC-Co系超硬合金は、鋳鉄、非鉄金属（アルミ、銅など）、非金属（炭素、樹脂など）、耐熱合金（スーパーアロイ、チタン合金）、高硬度鋼などの被削材に適用され、それぞれ、切削用超硬質工具材料の使用分類および呼び記号の付

[注28]
　　小谷二郎, 自動車技術, 63（11）, 32（2009）

(出典:住友電工ハードメタル事業部 http://www.sumitool.com/catalog/pdf/DivisionProfile_2014.pdf)

図2-3　WC超硬工具による切削の様子

け方(JIS)で分類されている。

第3章

レアメタルを取り巻く世界の動き（供給）

3-1 白金族金属（白金・パラジウム・ロジウム）

3-1-1 世界埋蔵量

　表3-1に示す通り、白金族金属の世界埋蔵量は66,000tで、鉱石の主要生産国は南アフリカとロシアであり、この2カ国で白金の85％、パラジウムの76％を占めている。

　マグマが冷える際に比重の異なる2相に分離することがある。珪酸塩マグマからニッケル、銅、鉄などの硫化物が分離して最下層にパラジウム・銅・白金鉱床を形成した例が、ロシアのノリリスク鉱床、カナダのサドベリー鉱床である。南アフリカのブッシュフェルト貫入岩体では、地殻にマグマが貫入して固化する過程で、融点が高く比重が大きい鉄、クロムを含む成分が底に沈み、軽い成分が上層となったとされている。クロム鉱石は白金族金属元素を含み世界的な白金鉱床となっている。

表3-1　世界の埋蔵量および鉱石生産量（白金族金属）

単位：純分t

地域	埋蔵量(PGM)	鉱石生産（Pt）		鉱石生産（Pd）	
		2013年	2014年^e	2013年	2014年^e
南アフリカ	63,000	131.0	110.0	75.0	60.0
ロシア	1,100	25.5	25.0	80.0	81.0
アメリカ	900	3.7	3.7	12.6	12.2
カナダ	310	7.0	7.2	16.5	17.0
ジンバブエ	0	12.4	11.0	9.6	10.0
その他諸国	800	3.8	3.8	8.9	10.0
上記合計値	66,110	183.4	160.7	202.6	190.2
世界合計（USGSが把握する概数）	66,000	183.0	161.0	203.0	190.0

注）2014年^e はestimationで2014年見込み。USGS (United States Geological Survey：アメリカ地質調査所）は、内務省傘下の研究機関で、水文学、生物学、地質学、地理学について、自然景観、天然資源、自然の脅威を対象とし、地形図および地質図も作成している。本部はバージニア州レストン、職員約9,000人で国内および世界を継続的に把握する

（出典：USGS2015から作表）

3-1-2　世界生産量および鉱山の状況

世界生産量

　2012年の南アフリカでは、構造的な電力逼迫に加え鉱山ストライキで、白金族金属生産は落ち込んだ（図3-1）[注1]。この時期には、政府による鉱山安全指導強化による操業停止、「鉱物・石油資源開発法（MPRDA）」の改正や、資源利用の高付加価値化義務政策への動きなどもあり、供給不安定化のリスクが高まった[注2]。2014年11月時点では、このストライキの長期化により、「新規の鉱山生産分が減少して2014年の世界需給はリサイクルを合わせても、白金35t、パラジウム50t、ロジウム2.7tの供給不足となるだろう」という観測もあった[注3]。しかし、2015年に入り、実際には供給不足にはならず、白金族金属の国際価格は低迷している。その原因として次の事象が考えられる。

- 南アフリカ通貨の大幅下落により、労務費上昇に伴う白金族金属の生産コスト増が打ち消されたこと
- ウクライナ紛争の激化、ギリシャの経済危機、中国の経済の低迷
- ロシアが、ウクライナ問題で欧米日の経済制裁を受けて経済的な苦境に立たされた結果、パラジウムの輸出価格を高め誘導しにくい

南アフリカの鉱業政策

　南アフリカ政府は、現在の失業率25％を15％まで減少させ、2020年

(注1)
　　Johnson Matthey "Platinum 2013"
(注2)
　　「白金族金属（PGM）資源を巡る動向」2014年1月29日、JOGMEC平成25年度第8回金属資源関連成果発表会、2015年10月13日国立研究開発法人　産業技術総合研究所　第10回レアメタルシンポジウム
(注3)
　　レアメタル・ニュース No. 2649, 2014年12月24日

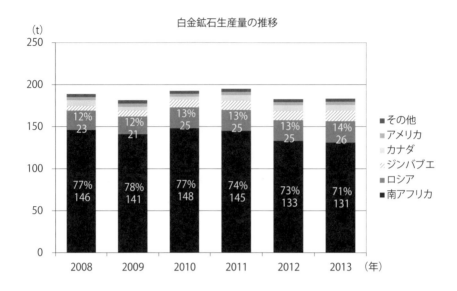
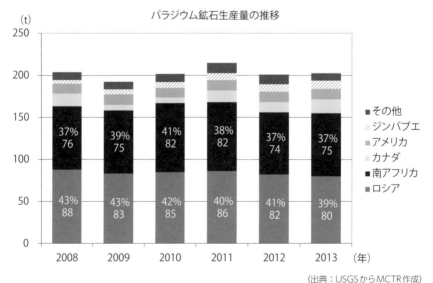

図3-1 世界生産量の推移（白金、パラジウム）

（出典：USGSからMCTR作成）

までに500万人の雇用を創出することを目標としており、そのために自国での高付加価値化を目指す産業政策を進めている。鉱物・石油資源開発法の改正はそのステップの1つである。この政策では、白金族金属鉱石中間製品（精鉱、マット）の実質的な輸出制限と、これらの資源を原料とする現地企業への政府補助および優遇策を打ち出している。

- 白金族金属鉱石中間製品の輸出には、貴金属法と鉱業法により大臣の認可が必要（実態は禁止の方向）
- 自動車産業の活発化策：自動車および部品の国内生産を増やして南部アフリカ地域での輸出拠点とする
- 南アフリカに進出した触媒メーカーの優遇：南アフリカの自動車触媒メーカーに白金族金属を優先供給する

　このような背景から、自動車産業のアフリカ市場戦略では、南アフリカは重要拠点になるため、大手自動車メーカーのみならず、自動車触媒メーカー（Johnson Matthey社、BASF社、Umicore社）は製造拠点を南アフリカに置いて触媒を輸出する計画がある。将来計画が実現すれば南アフリカ国内産業による白金族金属需要の増分が白金族金属輸出余力の減少につながるリスクもある。

ロシアの白金族金属鉱業の状況
　ロシアのパラジウム鉱石生産量は世界の約4割を占めている。ロシアの白金族金属のほとんどは、Norilsk Nickel社が生産しているが、パラジウム、白金の生産量は2007年以降横ばいで推移している。同社としては、既存の鉱床の枯渇傾向もあって、オーストラリアでの資産を売却して、パラジウムの生産をロシアに集中し、Norilsk全体でニッケルおよびパラジウムの生産を維持するとしている。国家の介入の可能性も想定されることから、白金族金属輸入をロシアに依存することを不安視す

る向きもある(注4)。

　また、ロシア政府が管理する備蓄（ロシア国家貴金属・宝石備蓄機関、ゴフラン）からの売却量は、2011年80万トロイオンス（toz）（24.9t）あったが、在庫の減少により2012年は25万toz（7.8t）、2013年は10万toz（3.1t）まで減少する見込み(注5)で、近い将来において、ロシアの国家備蓄からの売却量は世界のパラジウム供給にとって重要ではなくなると考えられる(注6)。

3-1-3　日本への供給は問題ないか─白金族金属の確保策─

資源開発

　日本（伊藤忠商事、JOGMEC、日揮）は、国内への白金族金属供給を確保するために、2011年8月、南アフリカのプラットリーフ・白金族金属の探鉱開発プロジェクトに資本参加している(注7)。JOGMECは、2013年にウォーターバーグ地域をボーリング調査して予測される鉱物資源量を報告しているが、その後の現地調査では白金族金属量合計で1,189tに拡大した(注8)。また2014年1月、JOGMECは白金族金属供給地多様化のために、カナダの探鉱会社ミッドランド・エクスプロレーション社（Midland Exploration Inc.）と、カナダ・パラス地域において白

(注4)
「南アフリカ及びロシアにおける白金族金属鉱山企業の動向」古瀬義治、2014年1月29日、JOGMEC平成25年度第8回金属資源関連成果発表会

(注5)
「ロシア等における鉱業の現状」木原栄治、2013年12月2日、JOGMEC平成25年度第7回金属資源関連成果発表会

(注6)
Johnson Matthey "Platinum 2013"

(注7)
南アフリカ共和国ブッシュフェルト地域北部、鉱区保有者 Ivanhoe Nickel & Platinum Ltd.（カナダおよび伊藤忠商事の共同探鉱会社（同社2011年6月公表）。日本側は10％の出資。
http://www.ecool.jp/press/2011/08/jogmec11-0817.html）

(注8)
JOGMECニュースリリース2015年9月17日

金族金属を対象とした共同探鉱を実施する契約を締結した^(注9)。

図3-2に、白金族金属輸入量およびその価格の推移を示す。ここでいう価格は、日本の港着（CIF^(注10)）の年間輸入金額合計を総輸入重量で割った実績値で、年間荷重平均単価である。この図では、売買取引を行う場合に用いるLME（London Metal Exchange、ロンドン金属取引所）価格とは異なり、日足のシャープな高値、低値は表示されていないので利用の際は注意が必要だが、実際の貿易実績に対応した加重平均単価の増減傾向を見ることができる。

パラジウムは、数年内でのアップダウンはあるものの、過去10年をならして見ると価格上昇傾向が続いている。価格上昇だけでなく、中国、欧米、日本の自動車1台あたりの白金族金属使用量と環境規制の遵守状況など、さまざまな状況を勘案すると、将来的に白金族金属、特に、パラジウムの供給リスクは高まるであろう。

原則として、需給が逼迫すれば価格が上昇し、緩和すれば価格は下がる。しかし、部分的には例外もある。2013年から2015年にかけてのインジウム市場のように投機的な動きがある場合である。2013年12月に中国雲南省のインジウム先物市場（Fanya Metal Exchange）の開設で投資需要としてのインジウム人気で、投資市場に在庫が大量にあるにも関わらず大幅な価格上昇があった。その後、価格が暴落した時点で、世界の工業用需要に換算すると数年分以上の在庫が中国内に生じた。

白金族金属など貴金属の価格も、短期的には、需給の量的なバランス以外のさまざまな要因が影響する場合がある。白金価格の場合、アメリカの利上げ観測（例えば、2015年7月半ばから月末）は、白金族金属価格が軟調に推移する要因となる。他にも、中国経済の減速と世界同時株

(注9)
　　JOGMECニュースリリース2014年2月27日
(注10)
　　CIF：Cost, Insurance and Freight、輸出梱包費、輸出通関費、運賃、海上保険料など込みの、貨物を荷揚げ地の港着価格。

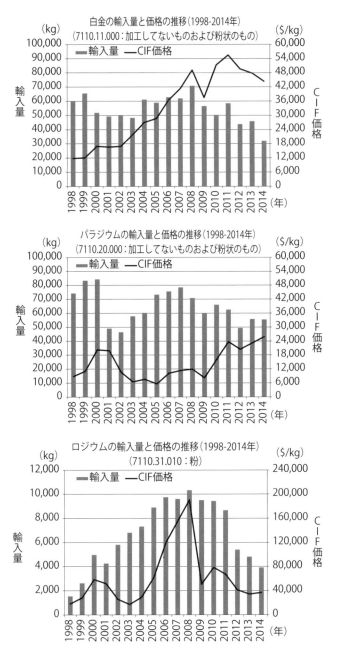

図 3-2　過去 17 年間の白金族金属輸入量および価格推移 (1998-2014年)

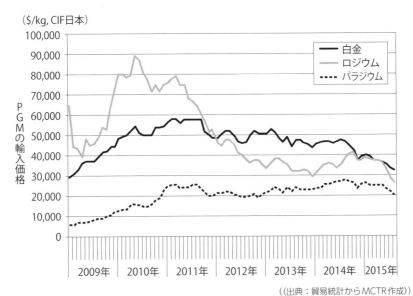

図3-3　過去7年の白金族金属輸入価格推移（2009-2015年）
((出典：貿易統計からMCTR作成))

安による中国での自動車販売の不振などもパラジウムが軟調に推移する短期的な要因である。

　レアメタル取引の場合、コモンメタルと比べて市場が小さく、各鉱種の値動きに影響を与えるトレーダーがいるといわれている。短期では投機や操作も入りやすい。しかし、5年から10年の中長期の値動きは、世界情勢、環境規制、技術革新、その他のさまざまな社会経済基盤を反映する。他方、自動車触媒のように、類似の機能を発揮する複数の金属元素（白金・パラジウム・ロジウム）を組み合わせて用いる場合は、各鉱種の価格が触媒組成などの技術選択に影響を与えている。

　図3-3に2015年を含む7年の価格を月次で示す。ここ5年を俯瞰すると、パラジウムは2015年に入って軟化しているが、全体として上昇基調である。他方、白金、ロジウムは全体的に軟調に推移している。

リサイクルが重要な役割を果たす白金族金属

【国内】

　白金族金属は高価なため、自動車触媒、電子材料、歯科合金などの使用済み品からのリサイクルが進んでおり、2013年の国内のリサイクル率は37.6％となっている。そのうち、使用済触媒からの回収が42％、触媒以外からの回収が58％となっている。2013年の国内の白金族金属のリサイクル率と回収内訳を表3-2、表3-3に示す。

【世界】

　過去8年間（2008-2015年）の白金族金属の世界供給量の推移は表3-4の通りである。

　世界の白金族金属需給の2013年値を表3-5に示す。白金族金属の生産国である南アフリカ、ロシアなどを除き大部分の国は、白金族金属の新たな供給は輸入に頼っている。白金族金属は自動車触媒が主用途であることから、白金族金属の需給は、日本国内だけではなく、世界の自動車生産動向などを勘案した世界の需給バランスを見ることが必要である。

【日本と世界の需給バランスについて】

　用途を自動車触媒・自動車触媒以外で区分して、各地域別の白金族金属リサイクル量を比較する（表3-6）。

　世界全体をカバーしているJohnson Matthey社の統計では、日本の白金族金属リサイクル量は17t程度（2013年）だが、これに化学触媒のリサイクル量を加えると、実際は、もう少し大きく44t程度と推定する（表3-7）。白金族金属の場合、リサイクル量は需給に大きな役割を果たしているので、この点は考慮しておく必要がある。

　以上、日本の供給に関して、2014年末に実施した需給予測では、中長期的には年間の国内自動車生産台数に大きな変化は予想されないので、次世代自動車の普及拡大を考慮しても、白金族金属の国内への供給

第3章　レアメタルを取り巻く世界の動き（供給）

表3-2　白金族金属のリサイクル率（2013年）日本

単位：純分 t

区分		内訳	白金	パラジウム	ロジウム	白金族金属合計
見掛け消費	国内生産	新産	0.6	3.0	0.0	3.7
		触媒などから回収	15.3	27.5	0.8	43.7
	原料	輸入－輸出	23.5	41.4	4.3	69.1
合計①			39.4	72.0	5.1	116.5
リサイクル量	触媒などから回収②		15.3	27.7	0.8	43.8
リサイクル率②/①			38.9%	38.5%	16.4%	37.6%

（出典：貴金属流通統計、貿易統計、触媒資源化協会の情報からMCTR作成）

表3-3　白金族金属の回収内訳（2013年）日本

単位：純分 t

	白金		パラジウム		ロジウム		白金族金属合計	
	回収量(t)	比率(%)	回収量(t)	比率(%)	回収量(t)	比率(%)	回収量(t)	比率(%)
触媒からの回収	3.2	21%	14.6	53%	0.7	87%	18.6	42%
自動車排ガス浄化触媒	2.6	17%	4.0	14%	0.7	86%	7.3	17%
その他触媒	0.7	4%	10.6	38%	0.0	1%	11.3	26%
触媒以外からの回収	12.1	79%	13.1	47%	0.1	13%	25.2	58%
合計	15.3	100%	27.7	100%	0.8	100%	43.8	100%

（出典：触媒資源化協会の値からMCTR作表）

表3-4　世界の白金族金属供給量の推移（過去8年間：2008-2015年）

単位：純分 t

	2008年	2009年	2010年	2011年	2012年	2013年	2014年	2015年	2008-2013年平均
白金	185.7	187.4	188.2	201.7	175.4	178.5	159.4	180.6	186.2
パラジウム	227.4	220.8	228.8	228.9	203.6	200.0	189.9	199.2	218.2
ロジウム	21.6	23.9	22.8	23.8	22.5	22.4	19.2	22.6	22.8
合計	434.7	432.1	439.8	454.4	401.5	400.9	368.5	402.4	427.2

（出典：Johnson Matthey社統計から作成）

レアメタルの本質的な価値（Value of Nature）を理解してボトルネックの解消を目指せ

　現在、人類が利用している鉱物のほとんどは、地球が何万年、何億年という長い年月を費やして、地球の地表近くに高度に濃縮したものを選んで利用している。とりわけ、レアメタルは地球の奇跡（Miracle of the Earth）の産物であり、本質的な価値（Value of Nature）が極めて高いものである。

　レアアースをはじめとするレアメタルの資源確保戦略やレアメタルの供給のボトルネックについて考える場合、資源的な制約の側面ばかりに目が向けられることが多い。しかし、実際には、採掘や製錬に伴って生じる環境問題や社会・経済システムがボトルネックになっている場合が多い。また、鉱石の採掘・製錬は、ほとんどの場合、環境破壊を伴い、鉱山開発や製錬活動による環境資源の損失は甚大であることも認識する必要がある。

　経済合理性を追求する現代の社会システムにおいては、天然資源の希少性やその本質的な価値、さらには、環境破壊のデメリットは無視されている。しかし、現在のような極めて低い環境コストで天然資源を採掘して製錬する活動を続けることは、長期的には間違いなく困難となる。

　貴重な天然資源を循環させて使い続ける"高度に持続性が高い社会"を構築するためには、効率の良い環境技術やリサイクル技術のさらなる発展が望まれる。

　とくに日本のように天然資源には乏しいものの高い技術力と高度な社会システムを有する国は、Value of Natureが高いレアメタルの天然資

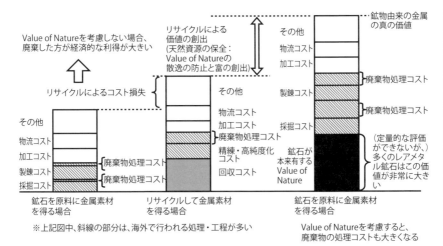

金属素材の価値の考え方。現在の社会システムではValue of Natureについて考慮されていない（岡部・野瀬、2011a）

源の採掘を極力減らす貢献を行い、同時に、天然資源を有する国に環境保全技術を提供したり、効率的なリサイクル技術の開発により供給システムのボトルネックの解消を目指すことで、世界に貢献しなければならない。

　Value of Natureが高い鉱物資源は極力使わずに保全するべきであり、また、一度掘り出したレアメタルは廃棄せずに徹底的に循環利用するべきである。しかし、経済的な利益を追求するがゆえに、間違った方向に進むのが今の社会の本質なのかもしれない。

表3-5　世界の白金族金属需給（2013年）

単位：純分t

	供給量	需要量	リサイクル量	過不足
白金	178.5	261.9	64.5	−18.8
パラジウム	200.0	299.5	76.5	−23.0
ロジウム	22.4	31.6	8.7	−0.4
合計	400.9	593.0	149.8	−42.3

（出典：Johnson Matthey社統計からMCTR作成）

表3-6　世界の地域別、用途別での白金族金属リサイクル量の比較（2013年）

単位：純分t

		日本	中国	北米	欧州	その他地域	世界計
白金	自動車触媒	2.8	0.6	19.3	14.2	2.8	39.7
	自動車触媒以外	8.2	16.0	0.0	0.5	0.2	24.9
	白金計	11.0	16.6	19.3	14.6	3.0	64.5
パラジウム	自動車触媒	3.4	1.9	35.6	12.1	4.8	57.9
	自動車触媒以外	2.2	6.4	2.5	4.8	2.8	18.7
	パラジウム計	5.6	8.2	38.1	17.0	7.6	76.5
ロジウム	自動車触媒	—	—	—	—	—	8.7
	自動車触媒以外	—	—	—	—	—	0.0
	ロジウム計	—	—	—	—	—	8.7
PGM合計	自動車触媒	6.2	2.5	54.9	26.3	7.6	106.2
	自動車触媒以外	10.4	22.4	2.5	5.3	3.0	43.5
	PGM合計	16.6	24.9	57.4	31.6	10.6	149.8

（出典：Johnson Matthey社の統計からMCTR作成）

（輸入）を現状維持できれば問題は少ない。ただし、白金族金属生産国の状況や新興国での需要増により、現状の供給量（輸入量）を維持することが難しくなった場合は、日本の企業に対して資源国への生産拠点の進出要請などの圧力が強まる。

表3-7　日本における白金族金属リサイクル量の推移（2009–2013年）

単位：純分t

		2009年	2010年	2011年	2012年	2013年
白金	触媒（化学触媒などを含む）	2.5	2.4	3.1	3.5	3.2
	触媒以外	8.1	13.1	18.3	14.6	12.1
	白金計	10.6	15.6	21.4	18.1	15.3
パラジウム	触媒（化学触媒などを含む）	14.3	16.3	17.5	18.5	14.6
	触媒以外	12.2	12.3	13.2	12.2	13.1
	パラジウム計	26.5	28.6	30.8	30.7	27.7
ロジウム	触媒（化学触媒などを含む）	0.5	0.7	0.8	0.5	0.7
	触媒以外	0.1	0.2	0.2	0.1	0.1
	ロジウム計	0.7	0.8	1.0	0.6	0.8
PGM合計	触媒（化学触媒などを含む）	17.4	19.4	21.4	22.6	18.6
	触媒以外	20.4	25.6	31.8	26.9	25.2
	PGM合計	37.8	45.0	53.2	49.4	43.8

（出典：触媒資源化協会資料からMCTR作成）

3-2　希土類（ランタン、セリウム、ネオジム、ユウロピウム・テルビウム、ジスプロシウム、イットリウム）

　希土類を元素別、世界の地域別、用途別に分解した需給量を示す先行文献は見当たらない。ここで報告する値は、未公開資料を含む各種統計および希土類鉱物の平均的な元素組成などをもとに、世界全体の供給量を俯瞰した結果である。対象を絞って、より精密な前提を置けば、多少値が増減する。

　世界の希土類の供給量を中長期（5年から10年先）で把握して、その課題と対策を検討することを目的として、元素別、地域別、用途別に供給可能量を試算した。

3-2-1　世界埋蔵量

　表3-8にアメリカ政府系機関の推計値を示す。この推計では、中国の

表3-8 世界のレアアース鉱石の埋蔵量および鉱石生産量(推計値)

単位:REO t

地域	埋蔵量	鉱石生産量(2013年)	鉱石生産量(2014年)
中国	55,000,000	95,000	95,000
ブラジル(2013年)	22,000,000	330	0
オーストラリア	3,200,000	2,000	2,500
インド	3,100,000	2,900	3,000
アメリカ	1,800,000	7,000	7,000
ロシア	*	2,500	2,500
ベトナム	*	220	200
タイ	NA	800	1,100
マレーシア	30,000	180	200
その他諸国	41,000,000	NA	NA
上記の単純合計	126,130,000	110,930	111,500
世界全体(概数)	130,000,000	110,000	110,000

注)*その他諸国に含まれる。NA:情報なし

(出典:USGS2015推計値(単純合計以外の値)からMCTR作成)

埋蔵量が世界全体の4割を占めている。地域によって希土類鉱石の元素組成は多様であり、鉱山の環境も異なるので、その時点の価格を前提として採掘事業、製錬事業が成立するか否かは別途検討する必要がある。

埋蔵量を確認済みであっても、実際の鉱石生産および製錬製品出荷にこぎつけるためには、事業収益性、環境規制、鉱物組成と副産物の処理、顧客への出荷ルートの確保など、地政学的な課題などを克服する必要がある。

3-2-2 世界生産量および鉱山の状況

レアアース生産国

過去半世紀におけるレアアース生産国の変遷は、図3-4に示す通りである。アメリカ(カリフォルニア州マウンテンパス)は、1965年から1995年頃まで、世界のレアアース資源(ランタン、セリウム、ネオジ

第3章　レアメタルを取り巻く世界の動き（供給）

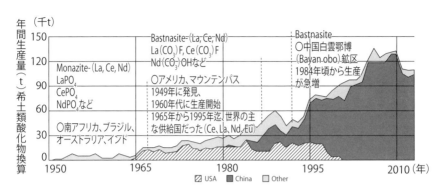

(出典：Hobart King, Geology.comから引用した図に文言を加筆)
図3-4　世界の希土類生産量と生産国の推移

ム、ユウロピウム）の主な供給国であった。1980年代から始まった価格競争により次第に中国のシェアが増大し、現在はレアアースの産出量の9割を中国1国が占めるようになった。

マウンテンパスは、放射性元素を多く含む鉱体が存在するため、1949年にウラン探鉱者が発見した。

1952年にMolybdenum Corporation of America社（1975年にMolycorpに社名変更）が権益を買って小規模な生産を始めた。1960年代のカラーテレビの普及とともに蛍光体の原料となるユウロピウムを供給するために生産量を拡大した。その後、希土類価格の低下と環境規制の強化により2002年に閉山した。価格が上昇したことから、2008年から、Molycorp Minerals社として、生産を再開して2015年にフル稼働とした矢先の2015年6月に会社が倒産したため、8月に再び操業を停止した。

2013年および2014年の希土類鉱石の世界生産量は11万t、その内訳は、中国が95,000t（86%）で、その他のシェアはアメリカが5〜6%、インド3%、ロシア2%、オーストラリア2%、タイ1%となっている[注11]。

(注11)
USGS2015から計算

レアアース生産量の推計（地域別・元素別）

地域別・元素別のレアアース生産量を表3-9と表3-10に示す。集計の便宜上の理由から、表3-8に記載があるインド、ブラジルは表3-9の世界合計に含めていない。

表3-9の地域別世界生産量から元素別の世界生産量を計算した結果が表3-10になる。

中国および中国以外の地域（ROW、Rest of the world）における元素別レアアース生産量（推計値）の年次推移を表3-11に示す。

3-2-3　日本への供給は問題ないか―希土類の確保策―

日本への供給可能量を検討するため、希土類の元素別生産量の将来推計を行った。具体的には、過去の生産量および将来の地域別の生産計画等を検討して、2025年までの生産可能量を推計した。

その結果を図3-5、図3-6に示す。

レアアースの酸化物（REO）の生産量に、元素組成を乗じて各元素の生産量を算出することができる。ここでは、各種文献[注12]を解析して、各国で産出するREOの平均的な組成として作成した表3-12を、世界の地域別・元素別の供給可能量推計に使用した。この平均組成は、各地域の鉱山生産量の構成比によって増減する。

原料となる主な鉱石はバストネサイト（Ce（La）CO_3F）、モナズ石（Ce（La, Nd）PO_4）およびゼノタイム（YPO_4）、イオン吸着鉱の4種類である。中国北方のバヤンオボ鉱山の鉱石は、バストネサイトおよびモ

(注12)
　　中国：アルム出版社　工業レアメタル2013年の各鉱種の組成と生産量から推算。アメリカ／オーストラリア／インド／ロシア／ベトナム／南アフリカ：Critical materials strategy（DOE/PI-0009），2012, U.S.Department of Energy,（2012）P.88より推算。ブラジル／マレーシア：USGS Minerals Yearbook-2011。2013年REO生産量（T）：USGS Minerals Yearbook-2014。ただし、中国生産量内訳は工業レアメタル。

第3章　レアメタルを取り巻く世界の動き（供給）

表3-9　世界のレアアース生産量（地域別、推計値）

単位：REO t

		中国	オーストラリア	北米	欧州・CIS	アジア（除中国）	南米	アフリカ	世界計
推計値	2011年	128,000	—	3,700	1,400	500	—	—	133,600
	2012年	115,000	—	2,500	2,100	500	—	—	120,100
	2013年	114,500	1,138	3,600	2,500	700	—	—	122,438

（出典：Roskill, Rare earths: market outlook to 2020, (2025) www.roskill.com 他の未公開を含む各種資料からMCTR作成）

表3-10　世界の元素別レアアース生産量（推計値）

単位：REO t

		La	Ce	Nd	Eu	Tb	Dy	Y	その他	軽希土*1	重希土*2	世界計
推計値	2011年	33,956	48,135	22,505	386	417	1,658	12,380	14,163	113,997	19,595	133,600
	2012年	30,812	44,486	20,422	348	339	1,352	9,921	12,420	104,187	15,905	120,100
	2013年	31,550	46,365	20,827	352	321	1,282	9,339	12,402	107,348	15,080	122,438

注）この表では、*1軽希土はLa、Ce、Pr、Nd、Sm、*2重希土はEu、Gd、Tb、Dy、Ho、Er、Tm、Yb、LuおよびYとした。
軽希土は50t、重希土類は5t、合計は250tで丸めた概数のため、世界計とは必ずしも一致しない

（出典：未公開を含む各種資料からMCTR作成）

表3-11　中国および中国以外（ROW）の元素別レアアース生産量（推計値）

単位：REO t

中国		La	Ce	Nd	Eu	Tb	Dy	Y	その他	軽希土*1	重希土*2	中国計
推計	2011年	32,250	45,300	21,800	380	415	1,655	12,375	13,825	108,450	19,570	128,000
	2012年	29,300	41,900	19,750	340	340	1,350	9,920	12,100	99,100	15,885	115,000
	2013年	29,250	42,400	19,750	340	320	1,275	9,300	11,865	99,500	14,980	114,500
中国以外の世界		La	Ce	Nd	Eu	Tb	Dy	Y	その他	軽希土*1	重希土*2	ROW計
推計	2011年	1,700	2,800	700	5	-	-	5	290	5,550	30	5,500
	2012年	1,500	2,600	650	-	-	-	5	240	5,050	30	5,000
	2013年	2,300	3,950	1,100	15	-	5	40	590	7,850	110	8,000

注）ROW　Rest of the world（その他地域、ここでは、中国以外の世界）
*1軽希土、*2重希土の定義は前表の通り。概数のため中国計＋ROW計と世界計、は必ずしも一致しない点は表3-10と同じ。

（出典：未公開を含む各種資料からMCTR作成）

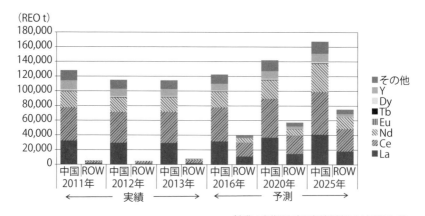

(出典:未公開を含む各種資料からMCTR作成)

図3-5 中国およびROW(中国以外)の元素別レアアース生産量推計値および生産可能量予測

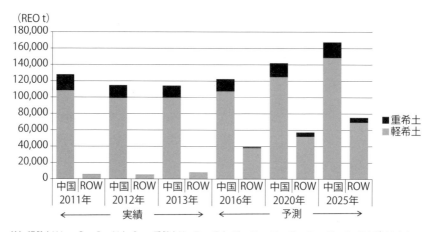

注) 軽希土はLa、Ce、Pr、Nd、Sm、重希土は、Eu、Gd、Tb、Dy、Ho、Er、Tm、Yb、LuおよびYとした。この図の集計では、計算の便宜からEu、Gdを重希土に含めている。一般には、ランタノイドの中でも、LaからGdまでをScとあわせて軽希土類(Light rareearth elements)、TbからLuまでをYとあわせて重希土類(Heavy rare earth elements)と呼ぶ。このうち、Sm、Eu、Gdを特に中希土類と呼ぶこともある

(出典:未公開を含む各種資料からMCTR作成)

図3-6 中国およびROW(中国以外)の軽希土と重希土の生産量(推計値)および生産可能量予測

表3-12 国別レアアースの元素別組成

元素	中国	アメリカ	アメリカ*(参考)	オーストラリア	インド	ロシア	ベトナム	ブラジル	マレーシア	南アフリカ
La	25.9%	33.9%	10.4	25.4%	22.6%	27.9%	32.5%	24.0%	1.2%	22.0%
Ce	36.9%	48.8%	24.4	46.6%	48.3%	57.7%	50.3%	47.0%	3.1%	46.1%
Pr	5.8%	4.2%	3.1	5.4%	5.6%	4.0%	4.0%	4.5%	0.5%	5.0%
Nd	17.6%	11.5%	12.2	18.6%	18.5%	8.8%	10.7%	18.5%	1.6%	16.6%
Sm	2.5%	0.8%	3.1	2.3%	2.7%	1.0%	0.9%	3.0%	1.1%	2.5%
Eu	0.4%	0.1%	0.2	0.4%	0.0%	0.2%	0.0%	0.1%	0.0%	0.1%
Gd	1.8%	0.2%	3.5	0.8%	1.2%	0.2%	0.0%	1.0%	3.5%	1.7%
Tb	0.2%	0.0%	0.6	0.1%	0.0%	0.1%	0.0%	0.1%	0.9%	0.1%
Dy	1.1%	0.0%	4.2	0.1%	0.0%	0.2%	0.0%	0.4%	8.3%	0.7%
Y	6.3%	0.0%	27.3	0.3%	0.0%	0.0%	0.7%	1.4%	61.0%	5.0%
その他	1.5%	0.4%	11.0	0.0%	1.0%	0.0%	0.8%	0.0%	18.7%	0.1%
合計	100%	100%	100%	100%	100%	100%	100%	100%	100%	100%
2013年生産量REO (t)	100,000	4,000	—	2,000	2,900	2,400	220	140	100	0

注）ここでは国、地域別の組成としたが、実際は鉱山、鉱床の位置ごとに異なる。
* Bokan Mountain Deposit, Alaska 鉱石組成についての出典はUSGS, Crustal Geophysics and Geochemistry Science Center

(出典：未公開を含む各種資料からMCTR作成)

ナズ石も含む共生鉱のバストモナズである（表3-13）。アメリカのマウンテンパス鉱山はバストネサイト、オーストラリアのマウントウェルド鉱山はモナザイト、中国南方の龍南地域の鉱山はイオン吸着鉱である。

世界および日本への供給可能量の検討

図3-7および図3-8に金属レアアースの価格推移（$/kg, CIF日本）を示した。

ランタンの供給量

2010年前後の中国の輸出規制強化の結果、中国以外の地域での生産が増え、世界全体の供給における中国の比率が約97％から、90％近く

表3-13 中国におけるレアアースの元素別組成

2013年	中国北方 (バストモナズ)		中国四川 (バストネサイト)		中国南方 (イオン吸着鉱)		中国内その他 (山東/広東省ほか)	
La	13,750	25.0%	7,117	31.6%	7,050	23.5%	575	23.0%
Ce	27,500	50.0%	11,754	52.2%	300	1.0%	1,068	42.7%
Pr	2,805	5.1%	954	4.2%	2,490	8.3%	103	4.1%
Nd	9,185	16.7%	2,264	10.1%	7,500	25.0%	425	17.0%
Sm	660	1.2%	227	1.0%	1,800	6.0%	75	3.0%
Eu	110	0.2%	7	0.0%	270	0.9%	3	0.1%
Gd	385	0.7%	11	0.1%	1,500	5.0%	50	2.0%
Tb	0	0.0%	23	0.1%	210	0.7%	18	0.7%
Dy	0	0.0%	27	0.1%	1,200	4.0%	20	0.8%
Y	110	0.2%	106	0.5%	6,675	22.3%	60	2.4%
その他	495	0.9%	11	0.1%	1,005	3.3%	105	4.2%
生産量合計	55,000	100%	22,500	100%	30,000	100%	2,500	100%
単位	REO (t)	含有率%	REO (t)	含有率%	REO (t)	含有率%	REO (t)	含有率%

(出典:MCTR作成)

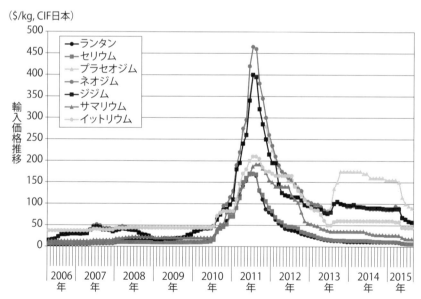

注)図3-4～5で、2015年8月の価格は、高い順にTb705、Dy300、Pr90、Nd58、Di57、Y44、Sm19、Ce6.5、La6.5($/kg)

(出典:アルム出版社 工業レアメタル2015の数値からMCTR作図)

図3-7 金属レアアースの価格推移($/kg, CIF日本)

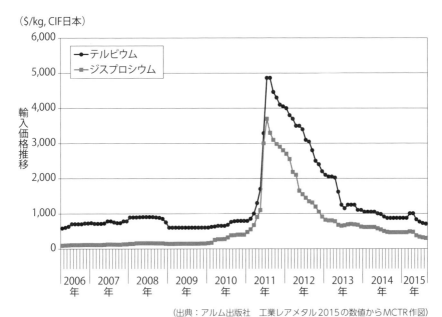

(出典：アルム出版社　工業レアメタル2015の数値からMCTR作図)

図3-8　金属レアアース（テルビウム、ジスプロシウム）の価格推移（$/kg, CIF日本）

まで低下している。

　日本国内への輸入は、2009年のリーマンショック、2011年以降の中国の輸出規制強化で価格が高騰し輸入量も激減した。日本国内は、これに対応して産業界を挙げて使用量低減に努めた結果、レアアース輸入量は急激に減少した。それまで輸入の95％以上（メタル換算）を占めていた酸化物の割合が2011年以降は大きく減って、金属ランタンの割合が増えており、2012年は酸化物より多く、2013年では酸化物と同じ量になっている。

　ランタンの輸入価格は、2011年7月のピーク時には、1kgあたり169ドルとなった。その後の価格推移を年間荷重平均値でみると、2011年92ドルに対して2012年38ドル、2013年9ドル、2014年6ドル、2015年11月は6.5ドルであり、2005年の4ドル台に近い価格になっている。

セリウムの供給量

2010年前後の中国の輸出規制強化の結果、中国からの供給比率が約95％から、91％まで低下している。

日本国内への輸入状況では、酸化セリウムおよびセリウム化合物ともに2011年以降は減少している。その内、酸化セリウム輸入量の減少が著しい。

酸化セリウムの1kgあたり輸入価格は、2009年までは2～5ドル前後で推移していたが、2011年11月のピーク時には123ドルとなった。各年の加重平均価格でみると、2011年の酸化セリウムは72ドル、セリウム化合物は51ドルであった。その後、価格が急落して、2013年には、酸化セリウム15ドル、セリウム化合物8ドル、2014年は前年の半値に下がり、酸化セリウム7ドル、セリウム化合物4ドルで、2009年の価格水準に近くなってきた。

ネオジムの供給量

2010年の中国の輸出規制強化を機に中国外の生産が増えつつあるが、2013年時点での中国依存度は95％近くあり、それほど下がっていない。

日本国内への輸入状況だが、2008年に2,400tあったネオジム金属の輸入が2013年には1桁小さくなっている。酸化ネオジムもメタル純分換算で450tが150tに減っている。これは、生産拠点の現地化に加えて、日本国内の企業がレアメタル危機後に増やした在庫調整の影響があると考えられる。

ネオジムの価格は金属1kgあたり465ドルと過去最高値となった2011年の7月に比べ、2014年の4月時点で92ドル、2015年11月は56ドルになっているが、2004年当時（8ドル）と比べるとまだ高い。

ユウロピウムおよびテルビウムの供給量

2008年から2013年を比較すると世界供給量は、テルビウムで3割減少、ユウロピウムで4割減少している。

中国の輸出量は2013年にかけて大きく減少、メタル純分で、ユウロピウムが約3t、テルビウムが約9tである。この要因は照明のLED化による蛍光体の減少、その他の要因があったと推定する。

日本国内への輸入状況だが、中国の統計によると、ユウロピウム、テルビウムのいずれも減少が顕著であり、酸化ユウロピウムでは2012年、2013年の日本向け輸出はほとんどゼロに近い。レアメタルの場合、年間使用量が小さいので、2011年のレアメタル危機への自主的対応として、企業内の備蓄や在庫調整の影響も大きいとみられる。

両元素について、中国の輸出量を2008年から2013年で合計してみると、輸出先は日本が圧倒的に多く、2番目はユウロピウムがドイツ、テルビウムがフランスとなっている。

テルビウムの輸入価格は中国の輸出規制に伴って急騰し2011年7月に最高値（4,860$/kg）をつけた。その後、2014年4月は金属1kgあたり約1,000ドル、2015年11月時点では695ドルとなっており、急騰前の600ドルに近い価格となっている。

ジスプロシウムの供給量

中国にはジスプロシウム含有率が高いイオン吸着鉱があるため、2008年から2013年まで中国からの供給が世界全体の100%近い数字を示している。

ジスプロシウムの輸入価格（年間平均）は金属1kgあたり3,700ドルと過去最高値となった2011年の7月に比べ、2014年の4月は610ドル、2015年11月時点では294ドルまで下がっているが、2004年当時（46ドル）と比べると、まだ、1桁高い。

イットリウムの供給量

　世界全体の供給量は、メタル純分換算で2008年の15,000 t から2013年は7,000 t 程度に半減している。この間の供給は、ほぼ100％中国依存である。中国以外の新規あるいは再開発鉱山からの供給が始まっているが、2013年時点では、まだ貿易量が少ない。

　日本国内への輸入状況だが、酸化イットリウム輸入価格推移では、他のレアアースと同様に中国の輸出規制に伴って急騰し、2011年11月に、金属1kgあたり最高値220ドルとなった。その後、2015年11月時点では40ドルまで下がっており、2006年当時（37ドル）に近くなっている。

資源開発

　これまで、中国および中国以外の企業でレアアースの増産、新規生産が多数計画されていた。そうした中、中国以外の鉱山開発計画は副生物の処理などにより困難な問題を抱えているプロジェクトが多い中で、マレーシアのライナス社のプロジェクトは、経済的な苦境を克服して稼働した。しかし、希土類製品の相場が軟調で、現在も厳しい状況が続いている。ライナス社は西オーストラリア州で採掘したレアアース鉱石を選別して精鉱として、マレーシアに輸出する。マレーシアのクアンタン近郊に建設したライナス・アドバンスト・マテリアルズ・プラント（LAMP）で、レアアースの分離・精錬を行い、欧州や日本のユーザーに供給している。

　他方、アメリカのモリコープ社のレアアース製造プロジェクトは、経営が行き詰まっている。同社は、2015年6月に、米連邦破産法11条（日本の民事再生法に相当）の適用をデラウェア州の連邦破産裁判所に申請したことを公表した。中国のレアアース輸出規制の緩和で市況が低迷、同社が資金繰りに窮した結果である。

　以下、一例としてプロジェクト名（同所在）／企業（同本社）の順

に、北米の探鉱開発計画を紹介する。現状は、エネルギー資源、ベースメタルをはじめとする資源価格全体が下がっている中、レアメタル・レアアースだけを採掘・生産する新規探鉱開発の採算性は難しい状況にある。

- Diamond Creek（アイダホ）/US Rare Earths（テキサス）
  セリウム・ネオジム・ランタン・イットリウム
- Lemhi Pass（モンタナ、アイダホ）/US Rare Earths（テキサス）
  セリウム・ネオジム・テルビウム・ジスプロシウム・イットリウム・ユウロピウム・エルビウム
- Bear Lodge Critical Rare Earth Project（ワイオミング）/Rare Element Resources（コロラド）
  ランタン・セリウム・プラセオジム・ネオジム・サマリウム・ユウロピウム・ガドリニウム・テルビウム・ジスプロシウム・イットリウム
- Elk Creek Carbonatite（ネブラスカ）/Niocorp（テキサス）
  ニオブ鉱山の副産物
- Round Top（テキサス）/Texas Rare Earth（テキサス）
  ジスプロシウム・イットリウム・エルビウム、ルテチウム（Lu）、ツリウム、イッテルビウム（Yb）
- Bokan Mountain（アラスカ）/Ucore Rare Metals（カナダ・ノヴァスコシア）
  イットリウム・セリウム・ネオジム・ランタン・サマリウム

リサイクル

ランタン、セリウム、イットリウムなどは価格が安いために、使用済み品からの回収リサイクルは経済的に難しい。使用済み蛍光灯、CRTディスプレイなどからイットリウム、ユウロピウム、テルビウムなどを

レアメタルの使用量削減や代替材料の開発は必ずしも良くない？ 〜セリウム〜

　レアメタルの使用量削減や代替材料の開発は、重要な課題であることは自明である。ここでは、逆説的に、使用量削減や代替材料の開発が必ずしも良い結果を生まないという特殊な例外事例を紹介する。

　セリウム（Ce）の使用量削減がその事例である。セリウムは、その酸化物（セリア）の微粒子が高性能なガラス用の研磨剤として利用されている。セリアの研磨剤は、価格に比して性能が優れているため、日本のガラス産業は、多量に使用していた。しかし、2010年のレアアースショック以降、日本のガラス業界は、供給不安を解消するため、研磨剤としてのセリアの使用量を大幅に削減した。

　日本の企業の素晴らしいところは、環境変化が起こると即座に対応し、技術力と努力でもって、問題を解決する点である。この結果、日本の企業は、研磨剤のセリアの使用量を大幅に削減し、中国からの輸入量も減少した。

　中国にレアアースの供給のほとんどを依存しているという現実を考えると、レアアースの1つであるセリウムの使用量の大幅削減は、一見すると素晴らしいことである。しかし、重要なポイントは、セリウムはネオジム（Nd）などのレアアースの副産物として産出されるという点である。高性能の磁石を製造するためにはネオジムは不可欠であるが、レアアースの鉱石を掘り出すと、同時にセリウムも産出される。

　さらに困ったことに、レアアースの主たる鉱物の1つであるバストネサイトという鉱物を利用する場合、抽出されるレアアースの約半分がセ

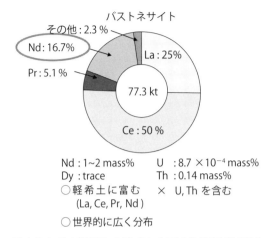

代表的な希土類鉱物の組成と中国の生産量（2007）

リウムであり、主目的のネオジムは、全体の1/5弱と少ない。したがって、高性能磁石の製造のために必要なネオジムを生産する限り、それよりも遥かに多くの量のセリウムが生産され続ける。

このような現実を直視すると、磁石材料としてネオジムが利用される限りにおいては、副産物のセリウムは、無理をしてでも産業に応用して有効利用するべきである。さもないと、副産物として過剰に生産されるセリウムは廃棄物として処分しなければならず、その処理コストがネオジムなどの生産コストに転嫁されることになる。

今回は特殊な事例として、セリウムの使用量削減のデメリットについて紹介した。一部のレアメタルに関しては、使用量削減や代替材料の開発と同時に、余剰に生産されるレアメタルを積極活用する技術開発、新たな用途開発も進めなければならない。

主体としたレアアース蛍光体の回収が試みられている。使用済み蛍光管から、主に水銀が回収される。蛍光体は回収量が十分な規模に至らず、事業採算に乗りにくい。最近では、使用済み蛍光灯から随伴する不純物をレアアースの回収（分離・抽出）に影響を与えない程度まで低減させる技術開発が行われている[注13]。

　磁性材料であるネオジム、ジスプロシウムの回収リサイクルプロジェクトがスタートしている。

- 使用済みハイブリッド自動車からネオジム磁石の回収（トヨタ自動車、豊田メタル、豊通リサイクル）
  ネオジム磁石またはジスプロシウムを含むネオジム磁石を安全に回収する技術を開発して、豊田メタルにて実証プラントを作りネオジム磁石の回収を実施している。回収された磁石は、磁石メーカーに送られて精錬後、磁石製造に利用されている
- 使用済み自動車からのネオジム磁石および非鉄金属回収技術開発（三菱マテリアル、マーク・コーポレーション、ホンダトレーディング）
- 「ネオジム磁石スクラップからのネオジム、ジスプロシウム回収新技術の実用化事業」（大脇商店、シーエムシー技術開発）

　回収技術が開発されて、実証試験中[注14]であるが、現時点では、HEV、EVの廃車発生台数が十分ではなく、事業的な採算は厳しい。

[注13]　JOGMEC希土類金属等回収技術研究開発事後評価報告書（案）平成26年3月産業構造審議会産業技術環境分科会研究開発・評価小委員会評価ワーキンググループ
[注14]　（一社）産業環境管理協会（JEMAI CLUB）リサイクル先進事業

3-3 タンタル

3-3-1 世界埋蔵量

埋蔵量については、表3-14の通りである。鉱床は、アフリカ、オーストラリア、ブラジルにある。ニオブと共存して、鉄・マンガン・ニオブ・タンタルの酸化物からなるコルタン（Coltan）鉱石として産出する。ニオブがタンタルより多いものを「コロンバイト（columbite）」、タンタルがニオブより多いものを「タンタライト（Tantalite）」と呼ぶ。

3-3-2 世界生産量および鉱山の状況

タンタルは、生産国がルワンダ、コンゴ民主共和国（DRコンゴ）であり、紛争鉱物（アメリカの紛争鉱物開示規制対象鉱物[注15]）である。オーストラリアでは、タンタル単価の低迷により2009年以降にタンタル鉱山を休止している。

表3-14に生産量を示す。タンタルの主な生産国はルワンダ、DRコンゴ、モザンビークであり、3カ国で世界生産量の約80％を占める。近年はタンタル鉱石よりも「錫スラグと蓄積された錫採掘廃棄物から生産される量が多い[注16]」といわれている。この表には、錫から副産されるタンタル生産量は含まれていない。タンタルの実際の世界生産量は、USGSが報告している量の3倍程度あるといわれている。

(注15)
　　経済産業省：2010年7月成立のアメリカ金融規制改革法の第1502条で、「アメリカに上場している企業で、製品の機能または製造にDRコンゴおよび週辺国産の紛争鉱物を必要とする者に対し、その使用についてSEC（アメリカ証券取引委員会）へ報告することが義務づけられた」。その目的は、DRコンゴの武装集団の資金源を絶つこと。

(注16)
　　Global Advanced Metals社　ホームページ

表3-14　世界の埋蔵量および鉱石生産量（タンタル）

単位：純分t

地域	埋蔵量	鉱石生産量2013年	鉱石生産量2014年e
ルワンダ	NA	*600	*600
DRコンゴ（Kinshasa）	NA	*200	*200
モザンビーク	NA	115	85
ブラジル	36,000	98	98
ナイジェリア	NA	60	60
中国	NA	60	60
ブルンジ	NA	20	14
エチオピア	NA	8	40
カナダ	NA	5	0
オーストラリア	**67,000	0	0
アメリカ	0	0	0
上記合計	103,000	1,166	1,157
世界合計（USGS概数）	>100,000	*1,170	*1,200

注）eはestimationで2014年見込み、NA：情報なし。錫スラグに含まれるタンタル、回収した金属廃棄物、リサイクルは生産量の対象外。*は2015年5月の最新情報に拠る。**オーストラリアは、鉱石埋蔵量に関する委員会（Joint Ore Reserves Committee, JORC）が確認している量は29,000t。アメリカは1,500t程度を埋蔵するが、現時点の価格では経済性がないとみている。

(出典：USGS2015)

　かつて、USGSやJOGMECの情報ではオーストラリアは世界全体のタンタル生産量の約半分を占め、最大の生産国であった。タンタルの統計情報は実態とまったく異なる事例が多いので情報の取り扱いは注意を有する。しかし、2010年以降は実態を反映して、世界の生産統計に計上されなくなった[注17]。オーストラリアでは世界最大のタンタル鉱山を所有するTalison Tantalum社（旧Talison Minerals）が独占的にタンタル生産を行うことが可能とされていたが、経済危機や他の鉱産物（リチウム）の需要増加などの要因によりタンタルの生産を停止している。

　アメリカでは、「DRコンゴ原産とする紛争鉱物の開発および取引は、

(注17)
　　USGS

DRコンゴ東部における深刻な暴力、特に性的暴行やジェンダーに基づく暴力により特徴づけられる紛争の資金調達に一役買っている[注18]」との認識から、事業者に対してDRコンゴ（旧ザイール）およびその周辺国で生産される紛争鉱物（錫、タンタル、タングステン、金）の使用の有無を調査し、情報公開義務を課すドッド・フランク法第1502条が2010年に可決された。2012年にはSEC（アメリカ証券取引委員会）により開示内容に関する最終規則が承認され、SEC登録企業は自社の紛争鉱物の使用の有無について調査結果をSECに報告することが義務付けられた。ただし、リサイクルまたはスクラップから得たものである場合は紛争鉱物の対象外とみなされ、ドッド・フランク法の適用外となる。

3-3-3　日本への供給は問題ないか―タンタルの確保策―

供給可能量（輸入先国、輸入量、価格）

　表3-15で、タンタルの最大の用途であるコンデンサ向け粉末の主原料として輸入されるフルオロタンタル酸カリウム（K_2TaF_7）の輸入量をみると、日本の輸入先国はアメリカ、ドイツで8割以上を占めている。

　2014年の輸入額は前年比3割増の118億円だが、1988年以降で最も大きかった2001年と比べると6割程度の水準である。業界の見通しでは、今後の国内の需要は上向いてくるとされているが、当面の供給には紛争鉱物に関する規制以外の問題はないようだ。

　タンタルは、供給される資源が限られているため投機の対象となりやすいことも課題の1つである。2000年末にタンタル製品需要の急増に原料供給が追いつかない事態が発生して単価が急騰し、その後需要の低下

(注18)　ドッド・フランクウォールストリート改革および消費者保護法　Dodd-Frank Wall Street Reform and Consumer Protection Act

表3-15　輸入先国と貿易量推移（フルオロタンタル酸カリウム）

単位：t

2011年			2012年			2013年		
輸入先国	構成比(%)	輸入量(t)	輸入先国	構成比(%)	輸入量(t)	輸入先国	構成比(%)	輸入量(t)
アメリカ	54	322	アメリカ	48	224	アメリカ	58	208
ドイツ	31	185	ドイツ	38	182	タイ	28	102
タイ	15	90	タイ	14	68	ドイツ	14	52
合計	100	597	合計	100	474	合計	100	362

により急落した例がある[注19]。

コンフリクトフリーを保証するために

　タンタルの安定供給には、国内への輸入品が紛争鉱物でないことを証明することが重要である。グローバルアドバンストメタル（GAM）社はコンフリクトフリーサプライチェーンを保証することで、事業の拡大を図っており、コンフリクトフリーのホーププロジェクト（The Solution for Hope Project）のメンバー企業である。

　ホーププロジェクトのメンバー企業はGAM社、部品メーカーのAVXコーポレーション[注20]、最終製品メーカーのモトローラソリューション、インテル、IRM、ノキア、HPで、DRコンゴのカタンガ地区の鉱石のみ採掘する。鉱石は、ガイドラインで管理してコンフリクトフリーと認定した製錬、加工企業のみに出荷する。日本にもGAM社のタンタル製錬、加工工場がある。このGAM社とは、経済危機により操業を停止した旧Talison Mineralsからタンタル部門の事業と西オーストラリアの世界的規模のWodginaタンタル鉱山、Greenbushesタンタル鉱山、タンタル濃縮プラントを引き継いだ会社である。

[注19]
　　http://www.tohoku.meti.go.jp/2008/kankyo/recycle/date/17.pdf
[注20]
　　AVX Corporationは京セラのアメリカでの連結子会社である。AVX Corporationはタンタルコンデンサメーカーで世界シェアトップ、電子部品、関連製品を設計・製造・販売するグローバル企業。

リサイクル技術

工程内リサイクルは他の元素同様実施されている。タンタルコンデンサの製造工程内で発生するスクラップは、一部輸出もあるもののほぼ100%リサイクルがなされている。実施企業としては三井金属鉱業が代表的である。しかし、使用済み電子機器からの回収、リサイクルの事業性はハードルが高い。

矢野金属はレアメタル資源として有効活用するリサイクル業務を展開しており、使用済みタンタル製品の回収を行っている。中部貴金属精鉱は、タンタルコンデンサ製造工程内で製品不良として発生するコンデンサスクラップ、使用済み基盤から取り外したコンデンサスクラップなどから、タンタルおよび銀、パラジウム、銅などを効率よく回収する独自の技術を開発した[注21]。

3-4 タングステン

3-4-1 世界埋蔵量

中国は、タングステン埋蔵量が世界首位、鉱石生産量は世界の8割を占める（表3-16）。

これは中国の鉱山が大規模であり、生産コスト面で優位なことによる。タングステン鉱石は、主に灰重石（$CaWO_4$、Scheelite）および鉄マンガン重石（$(Fe, Mn)WO_4$、Wolframlite）として採掘・精錬され

[注21]
（一社）産業環境管理協会リサイクル先進事業：資源・リサイクル促進センター環境担当者向け情報から引用

表3-16　国別の鉱石生産量と世界埋蔵量（タングステン）

鉱石生産国	生産量と国別構成比			埋蔵量と国別構成比	
	2013年（t）	2014年^e（t）	2014年（%）	埋蔵量（千t）	2014年（%）
中国	68,000	68,000	82.5	1,900	57.6
ロシア	3,600	3,600	4.4	250	7.6
カナダ	2,130	2,200	2.7	290	8.8
ベトナム	1,660	2,000	2.4	87	2.6
ボリビア	1,250	1,300	1.6	53	1.6
オーストリア	850	850	1.0	10	0.3
DRコンゴ	830	800	1.0	NA	NA
ポルトガル	692	700	0.8	4	0.1
ルワンダ	730	700	0.8	NA	NA
オーストラリア	320	600	0.7	160	4.8
アメリカ	NA	NA	NA	140	4.2
その他諸国	1,290	1,700	2.1	360	10.9
不明分	48	－50	－0.1	0	0.0
世界計	81,400	82,400	100.0	3,300	100.0

注）2014年eはUSGS見込み（確定値は翌年公表）、NA：情報なし、アメリカは非公表。
（出典：USGSからMCTR作成）

る。灰重石の場合、比重選鉱と浮選の組み合わせが多い。

　精鉱の主な不純物はモリブデン・スズ・ヒ素である。粗鉱の品位は1%（WO_3）程度であり、65%（WO_3）以上に選鉱して、通常は70%（WO_3）以上で取引される。タングステンはmetric ton unit（mtu）という単位で取引される。タングステン1mtuは、タングステンとして10kgを意味する。WO_3の1mtuは、W換算で7.93kgに相当する。

3-4-2　世界生産量および鉱山の状況

　表3-17に世界鉱石生産量とその推移を、中国とその他地域に分けて示す。タングステンの供給リスクを検討する場合、中国とその他地域における鉱石生産量に着目する必要がある。1980年代以降、中国の安価

表3-17　タングステン鉱石生産量の推移（世界、中国と中国以外の地域の比較）

生産国・地域	鉱石生産量（純分t）/年									
	2005	2006	2007	2008	2009	2010	2011	2012	2013	2014e
USGS値（アメリカ除く）										
中国	51,200	45,000	41,000	43,500	51,000	59,000	61,800	64,000	68,000	68,000
その他	8,300	11,300	12,930	12,450	10,300	9,820	11,190	11,693	13,400	14,400
世界合計	59,500	56,300	55,100	55,900	61,300	68,800	73,100	75,700	81,400	82,400
その他比率（％）	14	↑ 20	↑ 24	22	17	14	↑ 15	15	↑ 16	↑ 17
中国比率（％）	86	80	76	78	↑ 83	↑ 86	85	85	84	83
IATA値、工業レアメタル誌										
中国	—	44,000	41,000	51,500	55,500	67,000	69,950	67,550	71,000	68,000
その他	—	12,540	13,325	12,910	10,425	9,810	13,495	15,510	12,520	14,400
世界合計	—	56,540	54,325	64,410	65,925	76,810	83,440	80,060	83,520	82,400
その他比率（％）	—	22	↑ 25	20	16	13	↑ 16	16	15	↑ 17
中国比率（％）	—	78	75	↑ 80	↑ 84	↑ 87	84	84	↑ 85	83

注）USGSの場合アメリカの鉱石生産量は非公表、e:2014年は推定値（確定値は翌年の報告）、IATAはInternational Tungsten Industry Association
　　（出典：上の段はUSGS、下の段はアルム出版社　工業レアメタル131（2015年報）からMCTR作表）

な資源の輸出で中国以外の地域の鉱山が次々と閉山して中国への集中度が増してきた[注22]。

　その後、中国政府による生産調整の影響で2006年に中国の鉱石生産量が減少し、タングステンが高騰した影響から、その他地域の鉱石生産量が増加した。2006～2008年はその他地域の比率が、USGS統計で20～22％、IATA統計で20～25％と、最も高かった。その後、この比率は2009年以降に再び減少に転じて、2010年で13～14％に低下した。2011年のレアメタル危機時以降には、緩やかだが再び上昇している。

　世界の市場を把握する場合、前提が異なる複数の統計値に出会うことは、よくあることだが、その他地域（中国以外）の比率は2つの統計で

(注22)
　　Robert Baylis, Roskill : A Taste for Tungsten—Finding the Sweet Spot for Investors, Streetwise Reports

差異がある（表3-17）。しかし、その他地域の比率が2006～2008年に高くなっている点は一致している。

　タングステンに限らず、希土類や他のメタルの場合であっても、中国生産の依存率が大きい鉱種を原料とする製品の場合、中国から安値で競争優位な製品がグローバル市場に大量に供給され続けると、中国以外の地域での生産が縮小するという傾向が顕在化してきた。中国が、国家5か年計画の中で、自国資源をそのまま輸出せず国内で加工して輸出すべき、とする高付加価値化政策を明確にしていることは、日本が将来の資源確保戦略を検討する上で、留意すべき点の1つである。

3-4-3　日本への供給は問題ないか—タングステンの確保策—

　2015年5月から、中国はレアアース、タングステン、モリブデンに賦課している輸出税を廃止した[注23]。中国は1999年以降、レアアース、タングステン、モリブデンの輸出数量制限（EL枠）を導入し、2006年以降は輸出税を賦課していた。また、2006年以降年々削減していた輸出割当を、2010年後半に大幅削減したことなどを機にレアアース価格が高騰し、輸入に頼っている日本市場に混乱をもたらした。

　中国によるこのような輸出規制については、日本がアメリカおよびEUとともにWTO[注24]に提訴していたが、2014年8月、WTOは、中国の輸出規制措置はWTO協定に違反する旨を公表し、中国が、GATT（関税及び貿易に関する一般協定）第11条1項（輸出数量制限の禁止）および中国のWTO加盟議定書第11条3項（輸出税の禁止）などに違反していたことが確定した。中国はWTOの勧告に従って、輸出数量制限を2015年1月に撤廃していたが、同年5月から輸出税についても撤廃し

(注23)
　　　経済産業省
(注24)
　　　世界貿易機関：World Trade Organization　1995年設立

第3章　レアメタルを取り巻く世界の動き（供給）

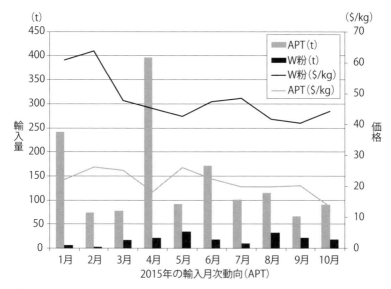

注）タングステン粉はタングステン純分1kgあたりの単価、APTはAPT1kgあたりの単価
（出典：貿易統計）

図3-9　タングステン輸入単価の推移（2015年月次荷重平均単価、日本着　CIF）

た。

　しかし、図3-9に示す通り、タングステンメタルや酸化物などの製品の中間原料であるパラタングステン酸アンモニウムの輸入においては、輸出税の撤廃後に、価格が若干軟化しているものの、輸入数量はむしろ減少傾向にある。図3-9および図3-10に示す通り、タングステン価格は高値からやや下落したものの、10年前よりも高い水準であり、BRICS（ブラジル、ロシア、インド、中国、南アフリカ）をはじめとする世界市場でタングステン下流製品の需要増大が見込まれることから、日本としては引き続き、中国国内の企業向け税制、諸施策の変化、世界市場における資源需給の動向などを注視していく必要がある。また、供給リスクに対応する技術開発を推進する必要がある。

　タングステン、タングステンカーバイド（WC）の主な用途製品である超硬工具は、工作機械にセットされて、さまざまな工業製品の精密加

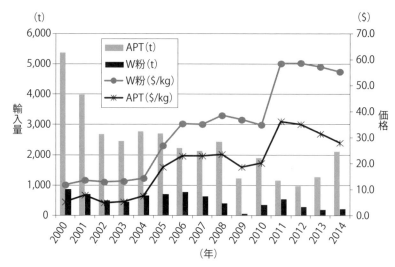

注）タングステン粉はタングステン純分1kgあたりの単価、APTはAPT1kgあたりの単価。
ITIAが公表しているMetal Bulletinの価格も、類似の値幅および類似の年次推移を示している：APT (Europe)、
APT（USA）、FeW（Rotterdam）、鉱石（Wolframlite）www.itia.info/tungsten-prices.html

（出典：貿易統計）

図3-10 タングステン輸入単価の推移（年間荷重平均単価、日本着 CIF）

工に用いられており、日本の産業競争力を維持する上で重要である。タングステン供給に制約が生じた場合、日本には超硬合金・超硬工具を取り扱う企業が多数あり、その下流は工作機械が必要な自動車部品メーカーなどの加工型産業であり、影響が甚大であるため、今後とも、資源確保戦略が必要である。

　欧州企業の動向を参照してみると、オーストリアの企業Plansee傘下のGTP社は、年間4,000tの鉱石を産出するDrakelands鉱山（英国イングランド，Hemerdon、北米、欧、南アフリカの鉱山の中で最大規模）に投資して長期契約で鉱石を引き取って、タングステン、WCを製造する体制を整えた[注25]。

（注25）
　　Plansee社ニュース・リリース（plansee-group.com）

日本国内への輸入状況

- パラタングステン酸アンモニウム
  超硬合金の原料であるパラタングステン酸アンモニウムの輸入量は2008年から減少傾向であるが、ほぼ全量を中国からの輸入に頼っている
- WO_3
  WO_3 は個別の貿易コードがないので正確ではないが、年間2,500t（純分）の大半を中国から輸入しているとみられる。超硬合金の材料メーカーは、特殊用途を除き、コスト面からパラタングステン酸アンモニウムとしてよりも酸化物（WO_3）として輸入する方が多い
- FeW
  2008年1月に、中国は多品目について輸出関税の導入・引上げを実施し、FeWの関税が10％から20％に増えた結果、中国が首位だった日本のFeW輸入は、2013年にはベトナムが82％を占めた
- タングステン鉱石（精鉱を含む）
  2004～2010年までほとんど輸入されておらず、2011年から200t（純分）程度を輸入しているに過ぎない。鉱石の輸入先は、ポルトガル、ロシア、カナダなどである

鉱山開発

　2004年頃から中国の採掘コストの上昇、急激な経済成長によるタングステン消費量の増大などで、タングステン原料の価格は高騰した。日本着の価格（CIF、年荷重平均）は図3-10の通り、2009年に落ち着いたが、その後上昇し、2014年の時点でも高い。今後の需要の高まりから高値傾向はしばらく続くと見られる。

　中国以外のタングステン新規（再開）プロジェクトのうち、スペインのBarruecopardoやイギリスのHemerdonなどのプロジェクトの稼働で、欧州の鉱石生産量が伸び、2017年には10,000t（純分）に達する予

測 ⁽注26⁾ である。また、中国を除くアジア地域についても、ベトナムのNui Phaoが生産を拡大し、さらに、韓国でも鉱山が再開され、今後、徐々に生産を増す見込みである。

最大の生産国である中国は、既存鉱山の生産拡大と新規プロジェクトにより、2015年まで生産を拡大し、その後は62,000tから64,000t（純分）を維持する⁽注27⁾と見られる。

2015年5月までに中国の輸出税とEL枠⁽注28⁾（輸出許可枠）が撤廃されたが、それに代わる資源税率のアップなどの国内政策によってタングステン原料の価格が乱高下する可能性もあり、中国の動向から目を離せない。

リサイクルが重要

リサイクルは製精錬と関連がある。

タングステンの湿式製錬と下流製品製造方法

鉱石中のWO_3の含有率は0.3〜2.5%で、破砕、粉砕、浮遊選鉱、焙焼のプロセスでWO_3含有率を60%程度まで上げることができる。鉄マンガン重石の場合は、不純物を水酸化ナトリウムによる温浸で除去して、得られたタングステン酸ナトリウムをイオン交換抽出してパラタングステン酸アンモニウムを得る。パラタングステン酸アンモニウムをか焼（加熱分解）して、WO_3粉を得る。WO_3粉を水素で還元すると金属タングステン粉となり、これを炭化処理するとタングステンカーバイドを得る。

イオン交換抽出によらない場合は、タングステン酸ナトリウム溶液に

（注26）　MCTR内部資料
（注27）　Roskill文献
（注28）　Export License

カルシウム塩を添加してタングステン酸カルシウムの沈殿とする。さらに塩酸で分解してタングステン酸とし、アンモニア水に溶解してタングステン酸アンモニウムとする。

タングステンの湿式リサイクル

超硬工具などの使用済み製品を酸化焙焼してから、水酸化ナトリウムで抽出する。得られたタングステン酸ナトリウムをイオン交換抽出して、パラタングステン酸アンモニウムを得る。パラタングステン酸アンモニウム以降は、鉱石からの生産と同じプロセスで処理して再利用できる。

一例として、日本新金属社は、タングステンスクラップおよびタングステン鉱石からタングステンカーバイドまでの一貫生産が可能であり、タングステンの製錬工程は秋田工場で操業している。アライドマテリアル社は、分社化したアライドタングステン社（富山市）で超硬合金スクラップのリサイクルラインを稼働している。

世界

リサイクル量は約21,600t（純分）であり、世界需要量の3割弱に相当する。欧米を中心として、スクラップからのリサイクルが進み、リサイクル量も2008年に比べると、約5,000t（純分）増加している。

オーストリアに本拠があるプランゼーグループの場合は、顧客と廃材の長期的な引き取り契約を結ぶなどで、材料の大半をリサイクルでまかなっている。使用済みタングステンカーバイド焼結材、粉末、研磨くずなど、タングステン含有率60%以上のスクラップも含まれている。

日本

日本国内のタングステン製品に関係する業界では、マテリアルリサイクルに積極的に取り組んでいる。タングステンの超硬工具用途では、国

内で使用済みとなった製品の回収率は3割程度である。リサイクル原料を再製品化する事業を進めることは、タングステン資源の国内への供給を多様化し、供給リスクを低減する有効な施策の1つである。

- タングステンのリサイクル
  国内の2013年のタングステン需要量は前年比4％増の7,633t（純分）であった。国内のタングステンリサイクル量は2008年で400t（純分）、2014年で1,046t（純分）に増加[注29]、これは国内需要の13.7％に相当する
- 超硬工具のリサイクル
  使用済み超硬工具（年間需要4,000t）のリサイクル率は3割で、その内、1割が特殊鋼の添加剤に使用され、1割が中間原料あるいは再生粉（元の製品と同じ組成）に戻して超硬合金の原料として使用される。残る1割が海外のリサイクル業者へ輸出される
- 特殊鋼のリサイクル
  特殊鋼の製鋼時のスクラップおよび工具、金型製造時のスクラップなどは、製造工程内で回収リサイクルされる。また、使用済み製品は鉄くずとして回収され、溶解原料としてリサイクルされる[注30]
- 触媒のリサイクル
  触媒資源化協会資料によると、2013年のタングステン回収量は金属スクラップから7t、超硬合金から230t、触媒からの回収はゼロとされている。固体触媒の場合、複数の金属や無機素材からなる担体との組成物となること、反応装置内で数年以上使用される場合が

[注29]
　　JOGMEC鉱物資源マテリアルフロー（当時、2013年値は不詳であったため2012年値を代用）
[注30]
　　レアメタルハンドブック2013

多いことから、定常的には排出されないため、使用済み工具の回収と事情が異なる。白金族金属程度の単価でないと、リサイクルの採算をとるのは難しい場合が多い

　回収した使用済みの超硬工具スクラップは、リユースされるわずかなものを除き、大半が国内外の精錬業者に渡り、再生処理される。2010年において、国内製精錬業者から470t（純分）、海外精錬業者から380t（純分）、合計850tの再生原料が超硬メーカーへ還流したと推定されている[注31]。

　使用済みの超硬工具に限らないが、最近は国内の使用済み製品が海外のバイヤー（リサイクル事業者）に流出する割合が高まっている。国内の素材産業および部材産業と連携する形でリサイクル事業を整備して、人件費の安い国や、グローバルに資源回収事業を展開している欧米事業者に買い負けず、貴重な資源を効果的に活用する施策が必要となっている。

(注31)
　　経済産業省「平成24年度 3Rシステム化可能性調査事業（超硬工具スクラップの回収促進事業）」報告書p.8

第 4 章

レアメタルの実情
（マテリアルフローと将来の工業材料）

マテリアルフロー

　各元素について収集した情報をもとに、日本、中国、欧州、アメリカなど世界におけるマテリアルフロー（MF）を、過去、現在、将来の視点から検討した。その内、本書では日本の現在のMFを例示することで、将来の工業材料を検討する際の原料選択や用途開拓の一助となることを目的とした。特定のレアメタルを自動車・電子分野などの材料として、どの程度使えそうか、将来の原料調達が安定的に可能か否か、などをMF上で眺めることは、有効な作業の1つである。MF図に表れている元素の利用情報を、新たな材料選択や研究開発方針の策定、事業戦略検討のヒントとして活用することができないだろうか。

　本章では、1枚のMF図に原料から最終製品までのフローをブロックと矢印の出入りで表し、原料や製品に含まれる元素の純分換算の質量を数字で記述してある。金属酸化物や金属塩類、それらを含有する製品を、着目する金属元素の質量として純分換算することで、異なる製品群を元素重量で集計することが可能となり、元素フローの上流から下流への動きや、下流製品群の把握率を点検することもできる。MFは、特定の元素の上流（アップストリーム）から下流（ダウンストリーム）に沿った流通形態を、原料および用途製品の両面から解析して俯瞰したものであり、その元素が、主にどのような工業材料として求められているか示している。原料供給に障害が生じた場合の影響把握や迂回対策を講じる際にも、MF図を活用することが可能である。

　今回行ったように、国や世界のMFを記述する場合は、フロー情報の一部を計算や推定に頼る必要がある。対象製品が単独の輸出入コードを持っていない場合があること、使用済み製品の回収リサイクル量などについて、廃棄物系の正確な情報が未整備であることなどから、市場におけるMFの全体像を100%漏れなく把握することは容易ではない。したがって、MF情報は鵜呑みにせず、目的によって検証が必要であり、目安として活用するなら有用なものとなる。MFを検証しながら、全体を

俯瞰すること、未解明な点に気づくこと、それを次のステップで解明してゆくことなどは、有益な取り組みの1つである。

過去から将来の材料へ
電子材料の歴史、貿易自由化による産業構造の転換

　レアメタル利用の歴史は長い[注1]。例えば、希土類の化学製品、金属製品の製造業では、オーストリアにトライバッハ（Treibacher Industrie AG）という会社がある。その創立者は、1885年にジジムがプラセオジムとネオジムの2元素で構成されていることを発見した科学者Carl Auer von Welsbachだ。Welsbachは1886年には「ガスマントル」を発明し、従来のガス灯の明るさが5倍[注2]になった。ガスマントルとは、木綿などの網袋に発光剤としてトリウムおよびセリウムを含浸したもので、炎にかぶせると明るい青白光で輝く。ガス灯は20世紀初頭に全盛期を迎えた。1903年に特許化したフリント（Flint、発火石、セリウムと鉄の合金でAuer合金ともいう）は、現在もライター（喫煙具）の着火石として、市販されている。

　20世紀後半の日本では、1960年代から電子材料の製造が始まり、合金や金属の特性を活かしたさまざまな製品に発展した。それはラジオ向けのゲルマニウム、トランジスタ・集積回路（IC）用合金、IC用リードフレームなどであった。日本の事例では、希土類製品の草分け的な会社に三徳社がある。

　三徳社は、1948年に希土類事業をスタート、1964年に発火合金の押出製造法を確立、海外市場に進出した[注3]。近年でも、ネオジムなどの希土類磁石材料、ニッケル水素電池材料、超軽量マグネシウム合金など

（注1）　　Treibacher Industrie AG
（注2）　　東京ガス　ガス百科
（注3）　　三徳社ホームページ、1937年創立時の社名は、三徳金属株式会社

へと事業が発展している。

　希土類は工業的な分離が難しく、希土類混合物または合金（ミッシュメタル）として利用されていたが、その後、工業的な精製分離が可能となった。1960年代以降、希土類元素が単離されて元素固有の特性を活用できるようになった。当時の事例として、カラーテレビのブラウン管に塗布された蛍光体（ユウロピウム・テルビウム）、カメラのレンズ屈折率調整（ランタン）などがあり、その後、ハイブリッド車（HEV）、プラグインハイブリッド車（PHEV）、電気自動車（EV）、風力発電などの高性能永久磁石（Nd-Fe-B-Dy）や二次電池（LaNi）など、AV機器、パソコン、デジタルカメラなどの小型軽量化に寄与した。また、自動車の排ガス浄化触媒（白金族金属とセリウム）やメタルハニカム構造体（ランタンとジルコニウムを複合添加）などにも利用されて省エネルギーや環境保護に貢献しており、レアメタル素材に関する発明やノウハウの活用で、日本の産業技術は独自性ある発展を遂げてきた。

　このような技術進歩と工業化が進展した20世紀後半、政治と経済環境の変化は、日本の製錬事業のあり方にも、大きな変化をもたらした。1959年のGATT（関税と貿易に関する一般協定）総会では、欧米諸国は日本に対して、貿易・為替の自由化を迫った。1964年に日本はIMF協定8条国に移行した。すなわち、輸出入取引などから生じる対外決済に関する公的制限を原則として行わないことになった。これに先立ち、1960年に大綱が定められた貿易・為替自由化計画が実施され、貿易取引での公的制限はしだいに撤廃された。非鉄業界は、自由化によって割安な海外の銅・ニッケルなどの流入に対処するため、次のような経営政策へと、転換を行った。

- 国内鉱山の縮小または閉山、新規の探鉱の縮小
- 海外原料の確保、買鉱、原料輸入の増加。例えば、電気銅に占める海外原料比率は、1950年代の2割から、1970年代には8割を超

えた
- 電子材料、自動車触媒（白金族金属、セリウム、Zr）、伸銅などの事業の開始と拡大

その後、情報電子化、省エネルギー化が一層進展して、モバイル端末やさまざまな形の電動車が現実のものとして普及することに貢献して、レアメタルなどを素材とする工業材料は、益々発展を遂げた。希土類磁石、レアメタルを利用する二次電池、触媒、電子部材などが次世代自動車（HEV、PHEV、EV）、モバイル情報通信機器、省エネ製品に応用されるようになった。それらの製品や技術は、日本の国際競争力の源泉として、国際的に優位性のある独自の技術群を形成した。

4-1 白金族（白金・パラジウム・ロジウム）

4-1-1 マテリアルフロー

国内の市場における白金族金属のMFを図4-1に示す。図には、流通の各段階（輸出入、原料、製品、最終製品、リサイクル）における主要企業を示した。2013年値に対して、ここには示さないが、別途検討した2008年のMFと比較すると、自動車触媒の白金およびパラジウムの原単位は、若干大きくなっている。自動車業界では排気量1Lあたりの白金族金属使用量を「原単位」として比較するが、ここでは、便宜上、自動車1台あたりの消費量を原単位と呼ぶこととし、大まかな白金族金属使用量の増減傾向を把握する。

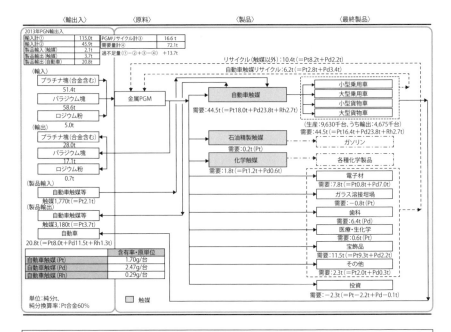

MFの各段階での主要企業（項目内の企業名は順不同）

〈鉱山〉南アフリカ：Anglo Platinum Ltd. (Amplats)、Impala Platinum Holdings Ltd. (Implats)、Lonmin Plc、ロシア：Norilsk Nickel、アメリカ：Stillwater Mining Co.、カナダ：Vale Canada Ltd.、North AmericanPalladium Ltd

〈原料(メタル)〉ジョンソン・マッセイ、ユミコア

〈製品〉各社の主な製品
○自動車触媒(*の会社は工業触媒も注力)：キャタラー、ジョンソン・マッセイ・ジャパン(*)、エヌ・イー・ケムキャット(*)、三井金属鉱業(*)、ユミコア日本触媒(*)、日揮触媒化成(*)、JX日鉱日石エネルギー、東京濾器、三菱マテリアル、住友金属鉱山
○工業触媒(石油精製・化学産業)：クラリアント触媒、日揮ユニバーサル、アクセンス・ファーイースト、日本ケッチェン、田中貴金属工業、堺化学工業、東邦チタニウム、日本化学産業、日本触媒、エボニック・ジャパン、関西触媒化学、セイケムアジア、日興リカ、日本化薬

〈最終製品製造業〉(自動車)トヨタ自動車、日産自動車、本田技研工業、三菱自動車工業、スズキ、マツダ、ヤマハ発動機
(石油精製)ＪＸ日鉱日石エネルギー、出光興産、コスモ石油、昭和シェル石油、東燃ゼネラル石油
(石油化学)三菱化学、住友化学、三井化学、旭化成ケミカルズ、昭和電工、東レ、クラレ

〈リサイクル〉アサヒプリテック、アサカ理研、エヌ・イーケムキャット、石福金属興業、田中貴金属工業、DOWAメタルマイン、ジョンソン・マッセイ・ジャパン、JX日鉱日石金属、日興リカ、三菱マテリアル、住友金属鉱山、日本PGM(DOWAグループ、田中貴金属工業との共同出資)、松田産業

(世界生産量 白金族金属425t、日本需要量白金29t、パラジウム40t、ロジウム3t、世界需要量白金262t、パラジウム300t、ロジウム31t)
(出典：OICA "2013 Production Statistics"、財務省貿易統計およびJohnson Matthey "Platinum 2013 Interim Review"、各種生産統計、各社公表情報からMCTR算出)

図4-1　白金族のマテリアルフロー(日本、2013年)

第4章 レアメタルの実情（マテリアルフローと将来の工業材料）

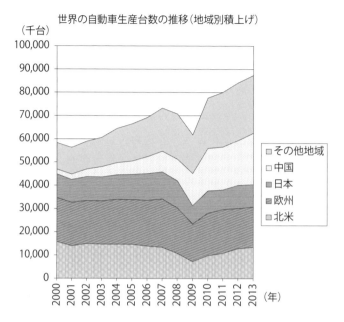

（出典：OICAからMCTR作成）

図4-2 世界の地域別自動車生産台数の推移（2000-2013年）

4-1-2　世界需給見通し

　第2章で2013年の世界、日本、中国、北米、欧州、その他の需要量を示した。

　図4-2に示すように、今後は、新興工業国を含む「その他地域」および中国での乗用車生産台数が拡大するため、自動車触媒向けパラジウム消費も増える傾向にあり、中長期的なパラジウム資源の不足が予想される。

　世界各地域の自動車触媒における白金族金属原単位の推移は、図4-3の通りであり、白金原単位の減少、パラジウム原単位の上昇がある。また、各年次の増減については、環境規制動向、燃料事情、発展段階などを反映した各地域の特徴が見られた。

　ディーゼル車が普及する欧州では、白金原単位が大きく、ガソリン車が主流の北米ではパラジウム原単位が大きい。白金原単位は「その他の地域」を除いて小さくなる傾向（使用量低減の方向）にあるが、より安価なパラジウム原単位は大きくなる（使用量が増える）傾向にある。1998〜2001年頃のパラジウム使用量の異常値は、日米の自動車排ガス規制強化にパラジウムを増量して対応した影響である[注4]。

　今後の欧州、中国、日本などの排ガス規制強化で白金族金属需要は増加すると見込まれる。

　自動車触媒の白金およびパラジウム原単位について、世界全体の年次推移を図4-4に示す。

　表4-1および図4-5を見ると、2008年から2013年にかけて、世界での3元素合計の原単位は、自動車1台につき3.9gでほとんど変化がない。しかし、この間を元素ごとに見ると、白金の原単位は小さくなり、パラ

[注4]　「自動車触媒における白金族使用動向及び関連技術動向」菅克雄（日産自動車）、2014年1月、JOGMEC平成25年度第8回金属資源関連成果発表会

第4章 レアメタルの実情（マテリアルフローと将来の工業材料）

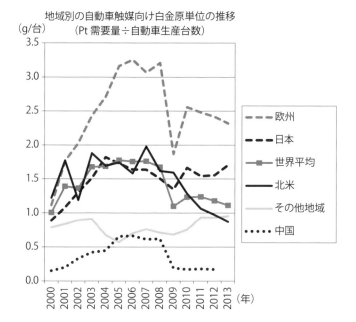

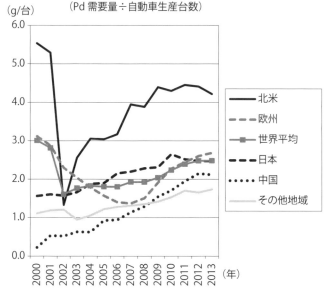

（出典：Johnson Matthey統計、OICAなどから原単位を計算してMCTR作成）

図4-3　自動車1台あたりの白金原単位およびPd原単位の地域別推移（世界、2000〜2013年）

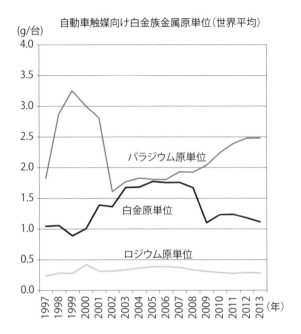

（出典：Johnson Matthey統計、OICA、LLPM (London Platinum and Palladium Market)からMCTR作成）

図4-4　自動車触媒の白金族金属原単位およびPt/Pd価格推移（世界）

表4-1 自動車触媒の白金族金属原単位推移（日本と世界、2008〜2013年）

元素（触媒成分）		原単位 （単位:g/台）		
		2008年	2012年	2013年
日本	Pt	1.50	1.56	1.70
	Pd	2.28	2.46	2.47
	Pt+Pd	3.78	4.02	4.17
世界	Pt	1.67	1.20	1.11
	Pd	1.93	2.45	2.48
	Rh	0.33	0.29	0.29
	Pt+Pd+Rh	3.93	3.94	3.88

（出典：Johnson Matthey統計、OICAからMCTR作成）

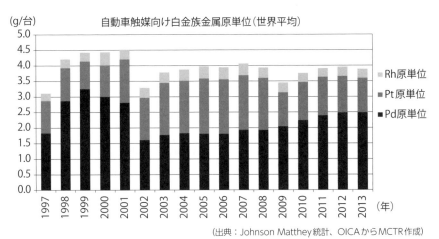

（出典：Johnson Matthey統計、OICAからMCTR作成）
図4-5 自動車触媒の白金族金属原単位推移（世界、1997〜2013年）

ジウムは大きくなっている。

　中長期でシェアが増えるという見方で各界が一致しているHEV、PHEVは、従来車よりも触媒の温度が低くなるので従来車と白金族金属原単位はほとんど変わらない。現状の国内自動車生産1,100万台に対して、EVの生産目標台数は、環境省の次世代自動車普及戦略（2009年5月）などの情報をもとに試算すると、2020年で100万台程度、2025年で

表4-2　EVとPHEV販売に関するIEAのシナリオ
（百万台/年）（世界、2010〜2050年）

年	2010	2015	2020	2025	2030	2035	2040	2045	2050
PHEV	0	0.7	4.9	13.1	24.6	35.6	47.7	56.3	59.7
EV	0	0.3	2	4.5	8.7	13.9	23.2	33.9	46.6
上記合計	0	1.1	6.9	17.7	33.3	49.5	70.9	90.2	106.4
乗用車（LDV）合計	70	80	95	110	123	137	153	168	182
EVのシェア（％）	0	0.3	2	4	7	10	15	20	25

注）IEA前提：PHEV、EVいずれも、2015年は1車種5万台程度の生産効率だが、2020年は12万台程度に向上することを前提とする。乗用車（LDV）販売台数はIEAの予測図から読み取った概数でOICA統計より1割程度小さい。LDVは、light-duty vehicleで、軽負荷乗用車、すなわち、普通乗用車、バン、スポーツ用多目的車（SUV）などに相当する。日本の軽自動車ではない
（出典：IEA, Technology Roadmap1, Electric and plug-in hybrid electric vehicles, Updated June 2011, p.15）

140万台（1割強）程度である。

　将来の状況が、表4-2および図4-6に示す国際エネルギー機関（IEA）[注5]のシナリオに近ければ、今後5年から10年の間では、EVの普及による白金族金属需要の減少は、従来（Conventional）車およびHEVの生産台数の増加で相殺されるであろう。

　IEAのシナリオでは2025年の世界自動車販売1億1,000万台におけるEVの割合は4％とされている。しかし、IEAは、2040年になると、PHEV、EVなどモーターを推進力とする自動車が、全自動車の半数近くになると予想している。この2011年公表のIEAの図4-6で注目すべきは、「フォルクスワーゲン事件」を予言するかのように、従来型ディーゼル小型乗用車が将来は影を潜めるというシナリオになっていることだ。

　世界全体では、2015年9月にPHEVとEVの販売台数の合計で100万台を超えた。内訳はPHEV38％、EV62％となっている。HEVが2007年

（注5）
　International Energy Agency, 2011, Technology Roadmaps Electric and Plug-in Hybrid Electronic Vehicles（updated June, 2011）

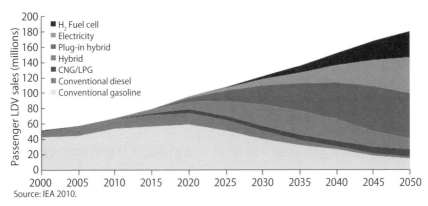

注）LDVはlight-duty vehicle（軽負荷乗用車）、Conventional diesel：従来型ディーゼル車、Conventional gasoline:同ガソリン車、次世代車はここに含まれていないバス、中負荷貨物自動車にも拡大する可能性がある
（出典：IEA, Technology Roadmap1, Electric and plug-in hybrid electric vehicles, Updated June 2011, p.14）

図4-6　IEAによる自動車販売台数長期予測（世界、2000-2050年）

に100万台を超えるまでに9年かかったが、PHEVとEVを併せると、その半分の5年弱で100万台を超えた[注6]。

2015年夏に、世界を揺るがす衝撃的な事実をアメリカ環境省（U.S.EPA）が発表した。フォルクスワーゲンの不正とリコールである。特定の4気筒ディーゼルエンジンを搭載したフォルクスワーゲン車およびアウディ（2009-2015年製）車は、検査時に排ガス処理装置がフル稼働してU.S.EPAが定めた基準値に収まる一方、実走行時には稼働を制限するソフトウエアが搭載されていたため、基準値の最大40倍におよぶNO_xを排出していたとして、米国法「Clean Air Act」違反に問われている[注7]。同社は、今後、環境規制を遵守するために、次世代自動車開発に舵を切ると表明している。現在、地球環境は深刻な事態を迎えてい

[注6]
　　hybridCars, One Million Global Plug-In Sales Milestone Reached by Jeff Cobb September 16, 2015
[注7]
　　アメリカ環境省、U.S. Environmental Protection Agency（EPA）、2015年9月25日公表、www3.epa.gov/otaq/cert/violations.htm

る(注8)。このような世界の動向から、2009年に策定した環境省の戦略や2011年のIEAのシナリオよりも、実際には、次世代車の普及が早まる可能性がある。HEV、EVの普及が拡大すると、希土類磁石（Nd-Fe-B）の耐熱性向上に必要なジスプロシウム需要が増え、落ち着いているジスプロシウム価格の上昇、需給のタイト化が再燃する可能性もある。

白金族金属の中長期（5年〜10年後）の需給動向は自動車触媒の動向に左右される

白金族金属需要増加要因
- 世界的な排ガス規制強化に伴い白金族金属の需要は、今後、拡大していくことが予測される
- 中長期的には、BRICS(注9)における乗用車生産拡大、排ガス規制の遵守に伴う新規パラジウム需要の増大基調から、リサイクル率向上、在庫放出、EVシェア漸増などを考慮しても、白金族金属供給リスクは増大する方向にある
- フォルクスワーゲン社は「ソフトをアップデートすることで、排ガスを規制値に収める」としている。通常走行でも触媒装置が作動した結果、触媒寿命が短くなれば白金などの需要が増えることになる
- 今後、5年〜10年先では、新車販売台数でのEVシェアは数％以下であるとの見方に立てば、欧州製ディーゼル車からHEV、PHEV、ガソリン車への乗り換えが起きると、白金需要は減少または緩和されるが、パラジウム需要は増えてパラジウムの需給がタイト化する。パラジウムは、白金の連産品、またはニッケルの副産物のた

(注8) 2015年11〜12月パリで開催の気候変動枠組条約第21回締約国会議（COP21）、京都議定書第11回締約国会議（CMP11）

(注9) 新興工業国（ブラジル、ロシア、インド、中国、南アフリカ）天然資源などを背景に世界で存在感を高めている。成長速度は様々。

め、パラジウム単独で供給を増やすことは難しい

白金族金属需要減少要因
- 長期的には、EVへのシフトが加速した場合。将来、欧州製ディーゼル車からEVへの乗り換えが起きた場合は白金族金属需要が緩和される方向に進む

4-1-3　将来の工業材料にどのように活用できるか

今後の電子・電気材料、医療分野への活用
- 導電体材料
  白金族金属は、スマートフォンやパソコンなどで信頼性の求められる部位の導電体材料に今後とも使用される。電子材料向けの世界需要量は、工業触媒（石油精製・化学）と同程度である。電子材料としては、車載用電子部材、太陽電池の電極、携帯電話部材、インダクタ（交流回路における抵抗器）、圧電用セラミックス、各種電化製品などにおける導電体としての利用があり、これまでと同様に高性能化と小型化に役立つ。これらの利用には、無電解メッキ、塗布など、Pt・Pd・銀・金ペーストなどの材料技術が必要である
- 歯科・医療用途
  パラジウム合金は歯科材料に用いられる。現状での需要は、電子材料用より1割強少ないが、歯科・医療用途は、今後とも重要な位置を占めている

今後の自動車触媒への活用

　白金族金属使用量低減および代替技術に関するさまざまな研究開発が行われており、その成果は年々蓄積してきているものの、現時点では白金族金属に置き換わる触媒活性種は見い出されていない。

レアメタルのリサイクルの重要性

　レアメタルのリサイクルは供給バッファとしての機能に加えて、環境保全という観点からも重要である。

　リサイクル原料からレアメタルを抽出して再利用する場合には、鉱石の採掘・製錬に伴って発生する有害元素や放射性廃棄物などを含む難処理廃棄物は発生しない。これは、リサイクルによる資源の循環利用の大きな利点の1つである。

　鉱石の採掘・製錬は、多くの場合、環境破壊を伴い、鉱山開発や製錬活動による環境資源の損失は甚大である。経済合理性を追求する現代の社会システムにおいては、利益率の高い優良な鉱石から優先的に採掘することが重要となる。また、廃棄物の処理は、営利企業からみれば単なるコスト負担であるため、そのコストを極力低下させようと努力する傾向が強い。特に、経済成長を国家戦略として優先する発展途上国では、修復にコストがかかる環境破壊とその損失は無視される場合がほとんどである。

　一方、長期的な鉱物資源の持続的利用と環境保全を考慮した場合には、自然鉱石の採掘に比して多少のコストはかかっても、二次資源であるスクラップからのリサイクルによるレアメタルの循環利用が重要となる。人類の持続的な発展において鉱物資源の循環利用は不可欠となるのは間違いない。

　現状では採掘や環境保全に関するコストが非常に低い地域が存在するので、一次資源である天然鉱物を利用してレアメタルを生産した方が、リサイクルによりレアメタルを生産するよりもコスト的に低い場合が多

い。希少鉱物の代表例であるタンタル（Ta）やジスプロシウム（Dy）などがその典型例である。

　この2元素以外でも、現行の技術レベルではレアメタルのリサイクルは経済的に見合わないケースがほとんどである。日本では、スクラップを集めるコストだけで、天然鉱物由来のレアメタルとのコスト競争に負ける事例も多い。回収コスト低減の観点からも、リサイクルを促進する社会システムを構築し、低いコストで、リサイクル業者がレアメタルを効率良く集められる仕組みを作ることが重要である。

　世界的な環境コストの上昇や優良鉱石の減少により、将来的にはレアメタルの天然鉱石を原料とする生産コストは間違いなく上昇する。したがって、長期的には、リサイクルを行う経済的境界条件が好転することが予想されるため、環境調和型のリサイクル技術開発はより一層重要となる。

- 長寿命触媒

  長寿命化は、資源需給面では、白金族の使用量低減と同じ対策効果があり、顧客の立場から見ると信頼性向上とコストダウン効果がある。三元触媒の活性劣化は、高温により10nm程度以上のサイズの白金族金属粒子が触媒表面上において移動し、シンタリング（凝集）することが主な要因とされている。従来は、白金族金属の使用量を増やすことで対応してきたが、触媒担体の改良や添加成分の考案により、実使用環境下でのシンタリングを抑制することで白金族金属の使用量を低減した触媒の開発が進められている

- 低温始動性触媒

  HEV、PHEVの普及で低温活性が重要になった。その対応策の1つは触媒と酸素貯蔵物質としてのセリアとの組み合わせであり、これらの層構成や触媒配置などの最適化がポイントとなる

- 資源リスクに対応して組成を柔軟に変更可能とする触媒技術

  触媒成分の元素比は、白金/パラジウム≒1/1（資源組成比）から白金を使用しない組成まで、資源リスクに対応可能な幅広い品揃えが必要となる。この点に関しては、日本の場合、技術の蓄積があり、すでにある程度までの対応は可能なレベルにある

以上のように、三元触媒の課題である長寿命化（耐熱性、耐久性、耐被毒性）、低温始動性、白金族金属使用量の低減に関しては、次のような新技術、新材料が必要である。

- 三元触媒の効果を高める手法の1つとして、電子制御方法や触媒の配置など装置設計上の工夫もある。例えば、特定の触媒を上下流、または上下層に配置して、より効果的に三元機能を発現させる（新技術）

- 触媒系（担体）

  特定の担体（例えば、「アルカリ土類金属とFe-Co」の酸化物）と

の組み合わせ、成分比（白金/パラジウム、パラジウム/ロジウム）、特定の押出ソリッドへの塗布を特徴とする（新材料）
- 触媒系（触媒自体の構成）
触媒の改質（研究事例：コアに金、シェルにロジウム）で、ロジウムの機能低下を防ぐ（新材料）
- 触媒系（成分比）
白金／パラジウム、パラジウム／ロジウムを適正化し、ロジウムの使用量の低減を図る（新材料）
- 触媒系（新規組成）
従来と離れた組成（Zr-Pr-Pd-O固溶体など）を用いてロジウム不使用を図る（新材料）
- 貴金属クラスターまたはナノ粒子を合成する技術（事例：ジョンソン・マッセイグループ（以下JM））は、自動車触媒の更なる性能向上を目指して、JMとこの分野の国内大学／研究機関／企業との共同研究開発を2016年に公募して、進めている

4-2　希土類（ランタン、セリウム、ネオジム、ユウロピウム・テルビウム、ジスプロシウム、イットリウム）

4-2-1　希土類をどのように活用できるか

希土類の活用策の要点は次の3つである。

- 希土類は元素が併存して産出されるバランス産業である
- したがって、特定の元素のみを都合良くは消費できない
- 今後、余剰となる見込みの希土類元素の新規用途開発が重要である

希土類の世界市場全体の内訳は、セリウムが3割、混合希土類（REO）が3割、ランタンが3割弱、ネオジムが2割弱、プラセオジムが1割弱で、残りの元素は数％未満である。日本では希土類輸入量22,000tの半分11,000tをセリウム（酸化物、化合物合計重量）が占めている。

　他方、これまで採掘されているセリウムのうち、利用されている割合は半分に満たないといわれている。セリウムは他の希土類元素に比べて比較的容易に分離できるが、他の希土類元素を得るためには、まず原料の希土類からセリウムを除去しなければならない。第3章で供給量予測を示したようにセリウムは中長期で余剰傾向にあり、セリウムの市場バランスが保たれるならば、他の希土類元素のコストはかなり下がる需給構造にある。この点は、中長期で余剰傾向にあるイットリウムやランタンについても共通している。

　材料開発の際に、希土類元素は供給リスクがあるから使わない、という方針は自らの研究開発における選択肢を狭めることに他ならない。上手に使ってこそ、大きな研究成果につながる可能性が増える。大きな研究成果が上がらないというリスクを減らすことになる。今後は、セリウムの活用策、新たな需要の発見、従来の需要の見直しと量的な拡大が、特に期待される。

　本章冒頭で紹介した三徳社以外に、希土類を取り扱っている企業は多数ある。具体的には、各元素のMF図に、製造・流通の各段階における主なプレイヤーを示した。例えば、1955年創業でジルコニウムを主体として希土類も活用する第一稀元素化学工業社、1988年設立で希土類化合物を製造する阿南化成社（資本比率：ソルベイ社67％、三徳社33％）、ソルベイジャパン社、日本イットリウム社（出資比率：三井金属鉱業社70％、NECトーキン社30％）、中電レアアース社、太陽鉱工社などがある。総合化学の一翼にセリウム研磨材、リチウムイオン電池、希土類磁石合金などの製品も扱っている昭和電工、信越化学工業などがある。その他に、リサイクル関係では、JX日鉱日石金属、三菱マテリ

アル、資源開発では双日、豊通レアアース、丸紅、三菱商事、三井物産などの商社がある。

ユーザー企業である日立金属、中央電気工業、TDK、日亜化学工業、三菱化学、日本重化学工業などにとっても、希土類元素は重要な原料である。

4-2-2　ランタンのMF、需給見通し、工業材料への活用法

世界需給見通し

第2章で2008年および2013年の世界、日本、中国の需要量の推定値を示した。

2025年のランタンの需要を試算した。国内では、ここ数年、年率1割で増えているニッケル水素電池負極材向け需要をはじめとして、全用途合計で4割程度の需要増（年率2.8％）がある。中国では、FCC触媒需要が倍増、光学ガラス、自動車触媒の需要も増加するなど、現在より3割程度の需要増大（年率2.1％）がある。世界でもFCC触媒向けが11,000t増え、光学ガラス、セラミックス、フェライト磁石、自動車触媒なども増えて、全体として5割増、13,000tの需要増（年率3.4％）がある。

将来、次世代自動車に必要な磁性材料向けのネオジム生産に副産するランタンが市場に出てきた場合は、2025年では約20％（11,000t強）程度の供給過多になる試算となった。

将来の工業材料にどのように活用できるか

今後も、希土類全体で鉱石生産コストを負担して、希土類価格の安定化を図ることが需要側（消費国側）からみても必要であることから、中長期で余剰が見込まれるランタンの用途拡大・活用のための技術開発を、余裕のある現時点（2015年）から進めておきたい。研究開発の成

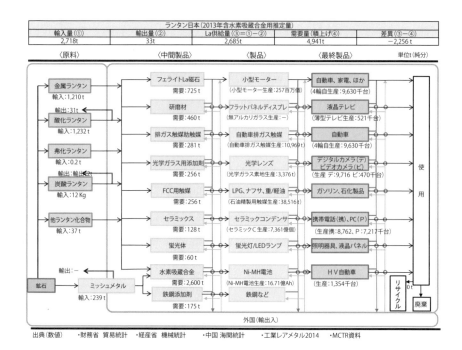

図4-7 ランタンのマテリアルフロー（日本、2013年）

功と実用化には一定の年数が必要である。

　触媒材料としては、ランタンが他の元素に替わる可能性は小さく、ガソリン製造用などを中心に引き続き活用される。NiMH電池用途は軽量なリチウムイオン電池との競合があるが、従来の実績と信頼性から中長期での国内需要は増加、継続するだろう。

第4章　レアメタルの実情（マテリアルフローと将来の工業材料）

セリウム　日本(2013年含水素蔵合金用推定量)				
輸入量(①)	輸出量(②)	供給量(③=①-②)	需要量(積上げ)(④)	差異(③-④)
5,787 t	0 t	5,787 t	6,400 t	-613 t

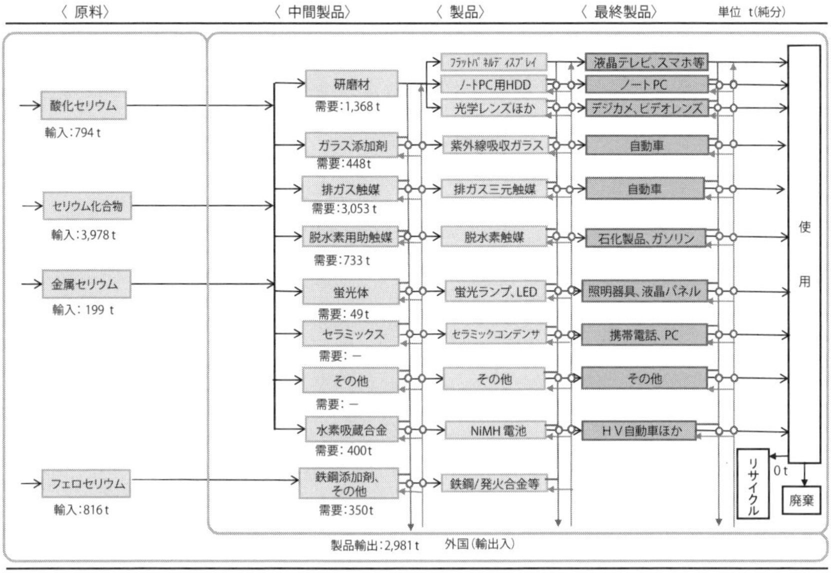

〈原料〉　　　　〈中間製品〉　　　　〈製品〉　　　　〈最終製品〉　　　単位 t(純分)

原料（輸入）
- 酸化セリウム　輸入：794 t
- セリウム化合物　輸入：3,978 t
- 金属セリウム　輸入：199 t
- フェロセリウム　輸入：816 t

中間製品（需要）
- 研磨材　需要：1,368 t
- ガラス添加剤　需要：448 t
- 排ガス触媒　需要：3,053 t
- 脱水素用助触媒　需要：733 t
- 蛍光体　需要：49 t
- セラミックス　需要：－
- その他　需要：－
- 水素吸蔵合金　需要：400 t
- 鉄鋼添加剤、その他　需要：350 t

製品
- フラットパネルディスプレイ
- ノートPC用HDD
- 光学レンズほか
- 紫外線吸収ガラス
- 排ガス三元触媒
- 脱水素触媒
- 蛍光ランプ、LED
- セラミックコンデンサ
- その他
- NiMH電池
- 鉄鋼/発火合金等

最終製品
- 液晶テレビ、スマホ等
- ノートPC
- デジカメ、ビデオレンズ
- 自動車
- 自動車
- 石化製品、ガソリン
- 照明器具、液晶パネル
- 携帯電話、PC
- その他
- HV自動車ほか

製品輸出：2,981 t　外国(輸出入)　リサイクル：0 t　廃棄

マテリアルフローの各段階での主要企業（項目内の企業名は順不同）

〈原料〉三徳、信越化学、中電レアアース、日本イットリウム、双日、豊通レアアースなどの商社

〈中間製品〉(助触媒)第一稀元素工業、阿南化成、(研磨材)三井金属工業、昭和電工、太陽鉱工、東北金属化学、AGCセイミケミカル

〈製品〉(三元触媒)キャタラー、エヌ・イーケムキャット、日揮触媒化成、アイシーティー、(UVカットガラス)旭硝子、日本板硝子、セントラル・サンゴバン、(光学レンズ)キヤノン、ニコン、(LCDガラス基板)日本電気硝子、(HDDガラス基板)シチズン精密、HOYA

〈最終製品〉〔自動車〕トヨタ自動車、日産自動車、本田技研工業、三菱自動車、〔カメラ・デジカメ〕キヤノン、富士フイルム、ニコン、オリンパス、〔液晶TV、ノートPC〕ソニー、東芝、日立、三菱電機、富士通

注）純分換算率：酸化セリウム 81.4％、セリウム化合物 71.1％、フェロセリウム 50％
（出典：財務省貿易統計、各種生産統計、各社公表情報からMCTR作成）

図4-8　セリウムのマテリアルフロー（日本、2013年）

4-2-3　セリウムのMF、需給見通し、工業材料への活用法

世界需給見通し

　第2章で2008年および2013年の世界、日本、中国の需要量の推定値

を示した。2013年の国内需要量全体は2008年に比べて約4割減少している。

　2025年の国内需要を試算した。研磨材は減少するが、自動車触媒などの用途で増えて、全体としては現状より4割程度の需要増となる。中国では研磨材需要も大きく、自動車触媒、ガラス添加剤など需要全体で現在より3割程度増加する。世界の需要量は、中国の需要が占める割合が大きいため、中国と類似した試算結果になった。すなわち、研磨材需要が最大で、自動車触媒がそれに次ぎ、需要全体で現在より約3割需要が増加するとの試算になった。

　一方、セリウムの供給可能量は中国内の増産に加えて、中国以外の地域での複数の希土類鉱山開発計画が現実のものになると2013年の38,000tから2025年には72,000tと2倍近くになる。計画通りの希土類鉱石生産（増産・新設）があると、セリウム需給バランスは、2025年には25,000tの供給過多になる見込みである。

将来の工業材料にどのように活用できるか

　今後行うべき技術開発の提案としては、希土類元素全体で生産コストを負担すべきという観点から、このように大きな余剰が見込まれるセリウムの用途拡大・活用技術の開発が必要である。例としては、燃料電池向け材料、電磁波シールド材、吸着材などが考えられる。

4-2-4　ネオジムのMF、需給見通し、工業材料への活用法

世界需給見通し

　第2章で2008年および2013年の世界、日本、中国のネオジム需要量の推定値を示した。

　ネオジムの国内需要は、2010年から2012年にかけて減少、2013年に若干増えてきた。ネオジムの最終用途製品である次世代自動車（HEV、

第4章 レアメタルの実情（マテリアルフローと将来の工業材料）

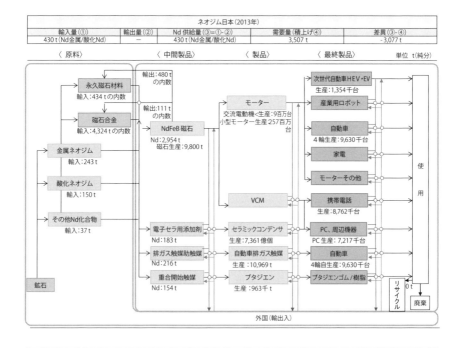

図4-9 ネオジムのマテリアルフロー（日本、2013年）

PHEV、EV）の台数予測^{（注10）}はIEAにより2012年以前に実施されたものでは現時点から見ると多少控えめであること、その後のフォルクスワーゲンのディーゼル乗用車リコールや地球温暖化対策目標値から省エネルギー対策の象徴的な存在である次世代自動車の生産は今後増加傾向

（注10）
　　経済産業省2014年11月「自動車産業戦略2014」、IEA, Energy Technology Perspective 2012

にあること、ドイツのインダストリー4.0政策に象徴される工作機械、ロボットなどの将来への市場の期待感などを勘案すると、2025年までのネオジムの国内需要は、今後、増えることが見込まれる。

国内需要には、輸出が半分を占める国内での自動車生産、工作機械、ロボットその他の最終製品の生産量を含む。

なお、ネオジムの国内需要の将来の減少要因としては、Nd-Fe-B磁石の節約（単位製品中における使用量、即ち、原単位の減少）、これまで、Nd-Fe-B磁石である必要がない用途でネオジム磁石から他の磁石や他の製品への切り替え、企業内ネオジム在庫の放出などが想定される。

中国は磁石用途の需要が旺盛で約17,000～30,000t増加し、2～3倍（年率6～10％）に増える。世界のネオジム需要量は、中国の需要が占める割合が大きいため、中国と類似した試算結果になった。世界全体でも2025年には磁石需要が増加してネオジム需要量合計は2～3倍（年率7～10％）、42,000～60,000tとなる。

中国で17,000t、中国以外の地域で11,000tを超えるネオジム増産が計画されており、すべてのネオジム増産が実施されれば供給は十分となる。他方、ネオジムの世界全体の潜在的な需要量が約60,000tを超えた場合は、供給不足となると試算した。

将来の工業材料にどのように活用できるか

ネオジムを代替する材料開発はNEDOのMagHEMプロジェクトで行っているが、市場では当分、現在のNd-Fe-B系磁石が主流であり続けるであろう。

4-2-5　ユウロピウム・テルビウムのMF、需給見通し、工業材料への活用法

世界需給見通し

第2章で2013年の世界、日本、中国のユウロピウム・テルビウムの需

第4章 レアメタルの実情(マテリアルフローと将来の工業材料)

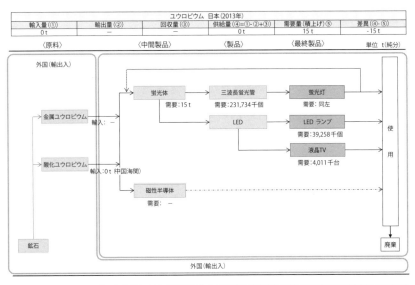

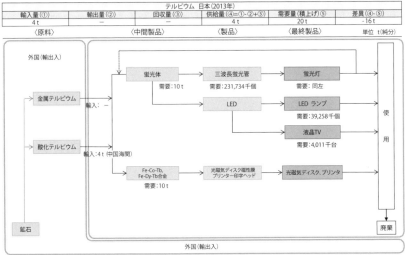

マテリアルフローの各段階での主要企業(項目内の企業名は順不同)
〈希土金属〉信越化学工業、昭和電工、三徳、日本イットリウム、中央電気工業、中電レアアース、双日、豊通レアアースなどの商社
〈蛍光体〉日亜化学工業、東京化学研究所、三菱化学、小糸製作所、ソニーケミカル、電気化学工業、東芝、日立
〈最終製品〉Panasonic、日立ライティング、東芝ライテック、NEC、三菱電機、〈リサイクル(三波長蛍光粉)〉ジェイ・リライツ

(出典:財務省貿易統計、各種生産統計、各社公表情報からMCTR作成)

図4-10 ユウロピウム・テルビウムのマテリアルフロー(日本、2013年)

日本に必要なレアメタル対策
～人的資源の育成が最も重要～

　2010年に突如中国政府が発動したレアアースの禁輸措置は、レアメタルについての日本の資源セキュリティの脆弱性を露呈した。尖閣諸島を巡る領土問題に端を発したとばっちりであったが、中国に偏在する鉱物資源への依存リスクが顕在化した。以来、日本の政府や企業は、レアメタルの資源調達戦略と対策、すなわち資源セキュリティの向上に多大な努力を傾注している。

　いまや企業各社は、新製品の開発だけではなく、レアメタルの使用量の削減や代替材料の開発にも注力するようになった。日本の製造業の素晴らしいところは、その高い技術力でもって短期間で使用量削減や代替材料開発を推進し実用化するところにある。

　下記のような資源偏在や生産技術の状況は今後も当面は変わらないであろう。

①レアメタルの鉱山は偏在している
　→南アフリカや中国など特定の国から産出されるメタルが多い
②日本には資源がない
　→資源セキュリティ上、深刻な問題がある
③日本はレアメタルの生産大国、技術"超"大国である
　→技術開発や基礎研究においてもレアメタルの製造やリサイクルプロセスについては、世界を圧倒的にリードしている

　上記の状況を踏まえ、日本が講じるべき重要なレアメタル確保のための資源セキュリティ対策は、以下の項目である。

①海外資源の確保
　→供給先の多様化
②備蓄と市場の安定化機構の整備
　→十分な量の備蓄（現状はきわめて貧弱）
③代替材料の開発、使用量削減技術の開発
　→日本が世界に貢献できる技術分野
④リサイクルの推進
　→日本が世界に先がけて取り組むべき分野

　上記項目に加え、これらを担う「人的資源の育成」が重要な課題となる。

　人的資源の育成は、もっとも重要な課題である。しかし、長期的な資源政策や技術開発分野における優秀な人材の育成は長い時間を要するため即効性がない。

　日本政府や企業には、資源確保に関する目先の対策だけでなく、レアメタルに関しては、人材育成を含め、多角的、長期的な視点での対応が望まれる。レアメタルの危機が鎮静化している今こそ、これらの課題に取り組むチャンスであることを忘れてはならない。

要量の推定値を示した。LED照明が登場し、蛍光灯からの置き換えが進みつつあるため、ユウロピウム・テルビウムの需要は世界的に減少し、供給リスクは減っている。世界的に見ると、蛍光管ランプのLEDへの置き換えは、LED照明の量産によるコストダウンで、今後、加速する。しかし、中国のユウロピウム・テルビウム需要（蛍光体、磁石添加）は2025年まで年率5％弱で伸びるという、現地情報もある。

将来の工業材料にどのように活用できるか

以上述べたように、蛍光体以外有力な需要がないユウロピウムは、LED化の進展や、将来予想される有機EL、量子ドット技術の進展により、世界の需要は縮小する見込みである。テルビウムは現在も磁性材料に使われており、今後も使われるであろう。以上の事情から、特にユウロピウムの新たな用途開拓が望まれる。

4-2-6　ジスプロシウムのMF、需給見通し、工業材料への活用法

世界需給見通し

第2章で2008年および2013年の世界、日本、中国のジスプロシウム需要量の推定値を示した。

グローバルな環境および省エネルギーの必要性から、次世代自動車へのニーズが世界に高まっており、ジスプロシウム需要の増大が予想される。最近では、ジスプロシウムフリー技術も開発されつつあることから、ジスプロシウム需給を見通すためには、その点のフォローも必要である。

今後10年間でみると、国内需要はさほど伸びないが、中国では伸びが予想される。2025年の中国では、次世代自動車駆動モーター用磁石需要が年率5〜9％で増えて、現状の2〜3倍になると試算した。世界需要では中国が占める割合が大きいため、試算結果は、中国と類似した傾

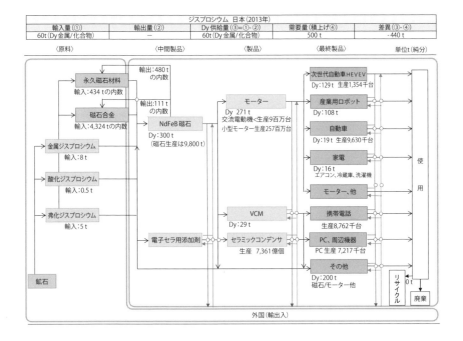

(出典:財務省貿易統計、各種生産統計、各社公表情報からMCTR作成)

図4-11　ジスプロシウムのマテリアルフロー(日本、2013年)

向になる。世界全体でも2～4倍(年率7～12%)の需要増が見込まれる。

供給面では、中国以外の希土類鉱山開発は、従来、中国鉱山とのコスト競争の障害を乗り越えることが困難である事例が多かった。しかし、中国以外での増産が行われない場合は、中国などのBRICSの需要増大により供給不足が再燃する可能性もある。

将来の工業材料にどのように活用できるか

ジスプロシウムは、現在の主用途であるNd-Fe-B系磁石の添加剤としての利用が継続するだろう。

ジスプロシウムを使わない磁石の開発は、MagHEMプロジェクト（NEDO）やアメリカDOEの研究開発プロジェクトで進められている。

4-2-7　イットリウムのMF、需給見通し、工業材料への活用法

世界需給見通し

第2章で2008年および2013年の世界、日本、中国のイットリウム需要量の推定値を示した。

照明用途では、LEDが普及し、有機ELが実用化されて、さらに量子ドットへと移行していくことから、蛍光体の需要は減少していく。これに伴い、イットリウムの需要も減少する。液晶テレビのバックライトに使われていた冷陰極蛍光管の需要はほとんどなくなった。

イットリウム需要は年率3.7%成長だが、供給可能量も増加する。その理由は、磁性材料の需要は基本的に旺盛であり、希土類のネオジム磁石の製造が増えると、希土類連産品としてのイットリウム生産も増えるのでイットリウムは供給過多になることも予想される。

将来の工業材料にどのように活用できるか

イットリウムは、将来、供給過多傾向であり、ランタン、セリウムと同様に、用途拡大・活用促進を図る技術開発が必要である。高温超電導、イットリウム含有プロトン伝導体など先端技術の開発、実用化を図る際には必要な材料である。特に、セラミックス材料、固体酸化物形燃料電池、難燃性マグネシウム合金は有望な新用途分野である。

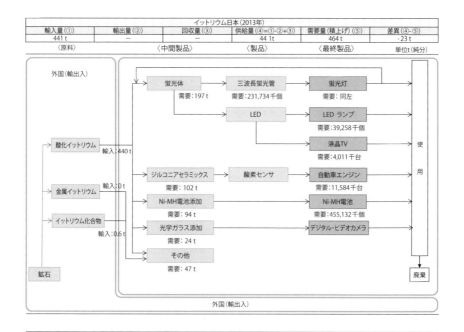

図4-12 イットリウムのマテリアルフロー（日本、2013年）

4-3 タンタル

4-3-1 マテリアルフロー

タンタルのマテリアルフローを図4-13に示す。

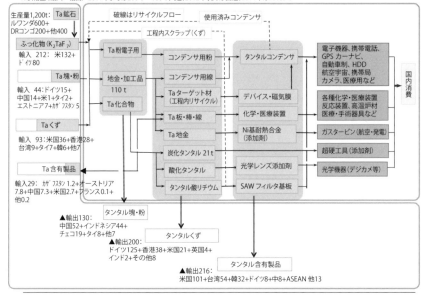

(出典:財務省貿易統計、生産統計、各社公表情報、JOGMEC鉱物資源マテリアルフローからMCTR作成)

図4-13　タンタルのマテリアルフロー
(世界鉱石生産量1,200t　日本の需要864t:内需318t+輸出546t)

4-3-2　世界需給見通し

　第2章で2008年、2012年、2013年および2013年の世界、日本のタンタルの需要量を示した。ここ数年、タンタル需要は毎年1～2割減少傾向にある。

　需要面では、主用途のタンタルコンデンサは性能・信頼性が高く、情報通信機器などで広く使用されているが、性能はタンタルには及ばない

ものの素材価格が1桁低いニオブコンデンサやセラミックコンデンサと競合関係にある。供給面では、タンタルは紛争鉱物に指定されていること、世界市場では統計外の供給が多く、世界需給を見通すことが難しい。

タンタルを利用する産業の裾野が広いので、第3章でタンタルについて述べたように、官民ともに、国際的な協調の下でコンフリクトフリーである原料の安定供給を図ってゆく必要がある。

4-3-3 将来の工業材料にどのように活用できるか

タンタルは、セラミックコンデンサ、光学ガラスなどの分野をはじめとして、より高付加価値な用途を増やしていくことが、安定供給のために必要である。タンタルの特性と現状について、先端的な用途を含めて整理した。

- 機械的な強度、耐久性、延性
  ガラスやグラファイトより耐久性に優れる。不活性坩堝など。熱的特性と機械的特性に優れ、容易に加工することができる
- 化学的耐食性
  タンタルは、チタン、ジルコニウム、ステンレススチールよりも長寿命。タンタル合金は、250℃以上での空気、水素、一酸化炭素、二酸化炭素下で耐久性あり
- 熱伝導率と高融点
  タンタルは、ジェットエンジンの熱シールド、ボルト類など、高温下の強度に優れる。抵抗加熱ヒーター、トレイ、サーモウェル、熱電対シース、構造部品、坩堝、反射板、溶融金属の容器

4-4 タングステン

4-4-1 マテリアルフロー

　世界の超硬工具事業は買収・再編が進み、サンドビック（スウェーデン）、IMCインターナショナル・メタルワーキング（オランダ）、ケナメタル（アメリカ）の3大グループが世界市場のおおよそ半分を占めている。

　主なタングステン原材料から製品までを手掛ける企業は、アメリカではGlobal Tungsten & Powders Corp.社（GTP、Plansee SE社の姉妹会社）、Kennametal Inc.社（KMT：NYSE）が主なプレイヤーである。欧州ではオーストリアで、Sandvik社の子会社であるWolfram Bergbau-und Hutten AG社およびH.C. Starck社が主な参画社である。ロシアも重要なサプライヤである。日本のタンガロイ社が属するIMCグループ（International Metalworking Companies B.V.社）は、イスカル社（Israeli Carbide Manufacturer）を中核とする切削工具メーカーで、韓国のテグテック社、アメリカ／ドイツのインガソル社などで構成されている。2006年にアメリカの投資家ウォーレン・バフェット氏率いるバークシャーハサウェイ社による大型投資が行われたことはよく知られている。

　超硬合金は、ドイツのK.シュレーターらによって考案され（1923年）、1925年にドイツのクルップ社から発売された。組成は、炭化タングステンに5～15％のコバルトを加えて焼結したもので、現在も基本は変わっていない。

　日本の超硬工具業界は、鉱山、ガス・油田など掘削分野などの大型商品が少ないため、世界の売上総額における割合は6％程度である。しかし、日本の得意な超硬材料の粉末系の技術やノウハウが発揮できる分野

第4章 レアメタルの実情（マテリアルフローと将来の工業材料）

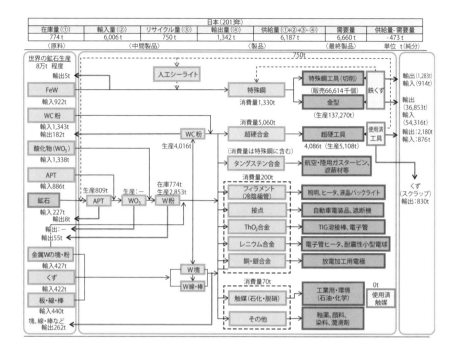

図4-14 タングステンのマテリアルフロー（日本、2013年）

であること、生産の自動化も可能なこと、日本の工作機械メーカーは定評があることなどから、新しい高性能材料が開発されれば、日系メーカーが世界市場におけるシェアを伸ばす可能性がある分野である。

日本機械工具工業会によれば、日本の超硬工具の生産は平成24年度から平成26年度で超硬合金として5,341t（超硬工具として2,765億円）

から5,952t（3,259億円）に増え、輸出額も828億円から1,168億円に増えている。この間の輸出の平均的な伸び率は年率1割超だが、輸入も年率1割を超える伸びで、492億円から720億円に増えているので、輸出入内容の把握が必要である。

4-4-2　世界需給見通し

第2章で2008年および2013年の世界、日本、中国、アメリカ、欧州、ロシア、その他のタングステン需要量を示した。世界で、2013年までの5年間にタングステン需要は12,000t増えたが、これを賄ったのは、中国のタングステン鉱石生産の拡大および欧米を中心とするスクラップからのタングステンのリサイクル増分5,000tであった。

今後、中長期（5〜10年）の世界需給は、2020年はバランスしているが、2025年までにタングステン鉱石供給量が増えない場合は、世界総需要の6％程度の不足と試算した。新興国の自動車生産の増加に伴い、タングステンの世界需要は、2025年まで年率2.2％で増加する。試算通りにタングステン需要が伸びれば、2020年以降はタングステン供給量を若干増やす必要がある。

国内タングステン需要は、76％が超硬合金向けである。レアメタル危機の再来に備えて、日本としては、原料入手地域の多様化や回収リサイクル事業の拡大を図る必要がある。

4-4-3　将来の工業材料にどのように活用できるか

世界の最新の研究事例を見ても、超硬材料ではWC-Co超硬合金に代わる素材が登場していない。その後の研究の多くは表面被覆による切削性能の改良研究が主流である。切削工具業界では、高速化による生産性の向上、長寿命化など、顧客の生産性向上のために必要な新素材が待望

されている。日本の強みでもある工作機械は、高出力・高性能化が進んでおり、これに対応して超硬工具も、一層の高速、高耐久性が望まれている。

今後は、工作機械メーカーや川下の最終製品製造業、川上の鉱業素材産業との一層緊密な連携の下に、新規素材開発を進める必要がある。

- 高速・長寿命超硬工具
  WC-Co超硬合金の表面コーティングの改良、新素材の開発など、手法を問わないが、超硬工具の高速耐久性や長寿命化を図ることはタングステンの使用量低減にもつながるので、今後の成果を期待したい
- CFRPなど難削材向け切削工具
  難削新素材CFRP[注11]であるが、航空宇宙・自動車分野で今後需要増が期待されている。CFRPなどの難切削材の穴あけやトリミング加工には、現在、超硬合金をダイヤモンドコーティングした工具が使用されているが、コーティング膜の剥離が課題である。この課題をクリアした高耐久性の切削工具の開発が必要である
- 耐熱・耐酸化金型
  自動車あるいは航空機部材メーカーでは、大気中高温で使用できる金型に対する要求は高まっている。高張力鋼（ハイテン）やチタン合金の塑性加工、高温鍛造である。超硬合金は酸化してしまうため、大気中600℃以上は使用できない温度域であるが、いくつかの金型メーカーでは、サーメットベースの高温用金型の開発が行われている

(注11)
CFRP（Carbon Fiber Reinforced Plastics）：炭素繊維強化プラスチックで、鉄やアルミなどの金属材料よりも低密度で、比強度が高い（軽くて強い）。金属のような等方材料と異なり、繊維方向に弾性率および強度が高く、配置した繊維方向の割合を変えることで異方性を意識した設計が可能となる。

- 新素材

 基礎に戻って新材料探索に挑戦したいところである。一例を挙げると、国内では、産総研が提案するWC-Fe-Al（結合層であるコバルトをより硬質なFe-Al合金に置換した材料）、基礎研究の成果としては、愛媛大学/JST/文科省が研究開発したナノ多結晶スティショバイト（SiO_2）などがある

第 5 章

視点を変える

5-1 用途

　レアメタルの用途については多くの成書が発行されているので、ここでは多くを述べない。

　代表的な例を表5-1に示す。これまでも多く議論されてきたように高機能の材料、さらにそれを利用した部品に使用される場合が多い。日本の産業においてレアメタルが重要なのは、言を待たないが、代表的な希土類元素について用途とその機能の源泉となる原子の特性を整理した結果を表5-2に示す。よくいわれるように希土類元素の特徴は4f軌道の存在であり、それをもとにした結晶構造の特異性にある。特に自動車をはじめ、日本が国際競争力を持つ最終工業製品には必ずといっていいほど多種多様のレアメタルが使用されている。

　以上のように気候変動問題をはじめとする環境問題の解決には、レアメタルを使用した省エネルギー製品が要求され、それらを支える部品には必ず使用される。

　どの元素をとっても典型的なレアメタルの問題である、「使用量は多くなく、かつ供給側の市場規模が小さい産出国や生産企業の極端な集中がおきやすい」ために大きな供給リスクが存在する。これから先も、新たな機能材料が開発されると予想されるが、同じ状態が起こりうるとして、資源供給ならびに後述する資源循環について考えて開発することが望ましい。

　もう1つ重要なパラダイムシフトは、資源を押さえることが経済成長にとって重要であることが再認識されていることである。もはや中国の経済発展は世界を動かし、中長期的にはBRICSに続く発展途上国の経済成長を止めることはできない。そのような状態では、資源の確保について戦後から長く続いた「資源は比較的安価に手に入る」との安易な考えは捨てなくてはならない。また、他のエネルギー、水、食料資源など

第5章 視点を変える

表5-1 各種産業で使用される部品とレアメタル

	自動車産業	エレクトロニクス産業	産業用機器/製造プロセス
産業発展の重点	●環境性能の向上 ・化石燃料消費の低減 ・NOx・SOx・PMなどの排出低減 >>ハイブリッド車、電気自動車、燃料電池自動車	●低消費電力化/小型・軽量化 ・半導体、ディスプレイ、電池など ・省エネ照明	●高機能化、耐久性向上、低コスト
基幹部品と使用レアメタル	強力モーター >強力な固体磁石が不可欠であり、日本開発のNd-Fe-B磁石が利用 >温度特性改善にDy添加必要 高エネルギー密度・軽量の二次電池 >Ni-H電池に代わりLiイオン電池 >正極材にはCoに加えMn必要 小型・軽量・安価な燃料電池 >燃料の改質や水素と酸素の反応電極に触媒としてPtが必要 排ガス浄化触媒 >排ガス浄化触媒には白金属の三元(Pt/Pd/Rh)触媒が不可欠	通信用半導体 >高い周波数で働く半導体が必要 >日本が得意なGa-Asデバイス >今後はGa-N/Ga-In-Pなども必要 LED(発光ダイオード) >電球より長寿命で省エネ >発光素子にGaを使用 液晶ディスプレイ/太陽電池パネル >発電するシリコン基板の上に透明電極の塗布が必要 >透明電極としてInが不可欠 超小型コンデンサ >小型電解コンデンサにはTaが必要	超硬工具 >金属中で最も硬いWを用いたタングステンカーバイドを使用 各種プラント・航空機・インフラ >耐熱性・耐摩耗性・耐食性に優れた特殊鋼にはNi/Cr/Mnが必要 >高張力鋼・高速度鋼にはV/Moが必要
現時点での主要な供給国	Nd:中国 Dy:中国 Li:チリ Co:コンゴ(民) Mn:南アフリカ Pt:南アフリカ	Ga:中国 In:中国・カザフスタン Ta:タイ・中国	W:中国 Ni:ロシア・ニューカレドニア Cr:南アフリカ Mn:南アフリカ V:チリ・中国 Mo:チリ・中国

表5-2 多岐にわたるレアアースの機能と用途（各種産業における付加価値の源泉）

各種産業と主な用途	主な用途	4f電子スピンの配列による特性	4f電子遷移による特性	4f準位から伝導体への電子励起	化学的性質	イオン半径、電荷による性質	結晶構造特異性	外殻電子の励起	その他
石油化学産業	触媒（ブタジエン重合、CO酸化、炭化水素酸化）				●				
窯業・土石産業	ガラス着色剤		●			●	●		
	紫外線吸収剤								
	ガラス研磨剤								
	セラミックス添加剤				●	●			
鉄鋼・非鉄金属産業	脱硫、還元剤								
一般機械産業	永久磁石（希土類磁石・フェライト磁石添加剤）	●							
	電子ビーム溶融材料	●	●						
	光磁気記録材料	●							
	赤外線レーザー		●						
	蛍光体							●	
	磁気冷凍								
	熱電変換材料						●		
	磁気センサ								
電気電子機器産業	永久磁石（希土類磁石・フェライト磁石添加剤）	● ●							
	サーミスタ						● ●		
	セラミックキャパシタ						● ●		
	圧電体			●					
	蓄電池（水素吸蔵合金）						●		
	電子ビーム陰極材料								
	マイクロ波吸収体								
	光アイソレータ	● ●					●		
	ハードディスク	●							
自動車産業	永久磁石（希土類磁石・フェライト磁石添加剤）	●					●		
	蓄電池（水素吸蔵合金）				●	●			
	電子ビーム陰極材料								
	高輝度ハロゲンランプ								
	磁気センサ	●							
光学・精密・医療機器産業	触媒（助触媒、インテリジェント触媒）				●				
	レンズ		●						
	プリズム								
	磁性材料								
	センサ（酸素、フッ素イオン、SOx）					●			
	MRI造影剤								
	光ファイバー								
	光アンプレータ								
	X線シンチレータ								
エネルギー産業	超電導材料						●		
	燃料電池（酸化物形電解質 空気極）				●	●	●		
	多価イオン固体電解質					●	●		
	原子炉材（遮蔽材）								
その他	ライター石								●

（出典：足立吟也監修『希土類の材料技術ハンドブック』などから三菱UFJリサーチ＆コンサルティング作成）

一般社団法人新金属協会希土類部会

と同様、それ以上に鉱物資源の確保は長時間を要するものであり、数年で見通しが立つような対象ではないことを自覚する必要がある。

5-2 資源の有効利用（代替材料技術、使用量削減材料技術、有効利用技術）

　レアメタル供給リスク低減のための「レアメタルの代替、使用量削減」を中期的に有効に実現するためには、機能の発現機構の科学的解明と経済的な合理性を担保した材料技術の開発が必要であり、開発材料の普及のためには、機能の高度化を伴うことが望まれる。代替材料開発については、さらに大きな視点を科学的な面から挙げることも可能である。

　それは、細野秀雄氏が指摘しているように材料開発の大きな意味でのパラダイムの変換である[1]。本質的に機能を発揮している原理を科学的に理解し、供給リスクの大きいレアメタルを使用せずに、その機能を発揮できる物質構造を人工的に作り上げることを意味している。そのような取り組みは短期的には資源セキュリティとは直接結びつかないことも多いが、全人類的な視点として重要であり、長期的には資源セキュリティの大幅な向上に結び付くことが期待される。このように、レアメタル対策の代替材料・使用量削減技術の開発においては、中期から長期にわたる重層的な取り組みが望まれる。

　一方現在、多くのレアメタルの供給が緩んでおり、本質的に使える範囲でその特性を活かし、使いこなすことが重要である。本来レアメタルはその電子配列に特徴があり、それを材料として最大限の活用を目指して材料設計がなされてきた。それだけ、原子固有の特徴があることになる。有効に利用できる資源があるならば、それを活用することは当然で

ある。

　最近になってもレアメタルの使用量削減、代替について特性が多少落ちても、使用量さえ削減すればいいとのイメージがいまだに存在する。本質的に特性が向上しなければ代替しても、材料としては使用されない。そのあたりの考え違いは、是正の必要がある。さらに、特に希土類元素ではジスプロシウム、テルビウムなどを必要量使用するためには、資源の特質の箇所で述べたように軽希土類元素をバランスよく使いこなさなくてはならない。本質的に希土類元素の用途の多くは日本の企業が開発したもので、高機能材料、部品の製造を支えている。用途開発、材料開発では、新たに余剰感のあるセリウム、ランタンなどの軽希土類鉱種の新たなる用途開発が重要である。

5-3　循環使用

　鉱物資源を開発するためには不純物の濃度が一定し、量がまとまって存在することが必要である。特に不純物の種類や量が一定していることで、初めて大量生産システムの中に投入することが可能となる。不純物の除去法は不純物の濃度によって大きく異なる。不純物が一定していないということは、原料が変わる度にプロセスを変えることを意味し、このような製造システムは組み立て産業ならまだ対応可能であるが素材産業では不可能である。したがって、高濃度の鉱石でも不純物の種類や濃度が不安定で、集中して存在しない場合は、標本としての価値はあるが、資源としては無価値となる。

　天然資源は現在の経済原理と技術水準の中で採取可能と判断されたものが資源とみなされるのであるから「天然資源がこのような特性を持っ

ている」といういい方はおかしく、「このような特性を持ったものを発見して天然資源とみなしている」のが現実である。よくリサイクルは経済合理性がないと指摘されるが、現在検討されているリサイクルが必ずしも経済合理性を持ったものを対象としていないからである。

　以上の問題点を解決するために、現状の経済環境で資源化が困難な副生物、廃棄物の資源化のためには、一時期保管（Reserve）し、蓄積を行い、将来の原料（Stock）とすることが必要といえる。我々は、そのような保管・管理を行うことを「人工鉱床を作ること」と考えている[2]。具体的に人工鉱床は、ある種の中間処理物の資源化目的の管理場所といえる。これらの概念を従来の廃棄物処理法と整合性を保ちながら導入することで、経済合理性を確保できる可能性が拓ける。

　ここで、さらに重要なことは、基本的には従来のリサイクルシステムと技術を十分に使うことが必要である。新たにリサイクルのためだけに設備投資を行うには、十分な量が確保しづらいレアメタルはリサイクルしにくい。やはり、従来の非鉄製錬業でどのような元素が回収されているのかを十分に認識し、その上で新たにシステムを検討すべきである。

　その意味で、参考のために現在の日本非鉄製錬の中でどのような金属元素が回収されているかを図5-1にまとめた。主体となる非鉄製錬は、銅、亜鉛、鉛であり、それらの鉱石処理と関連元素が含まれる廃棄物処理を行いながら多くのレアメタルの回収が行われている。特に金、銀、白金族金属ならびにセレン、テルルなどは本質的に非鉄製錬の不純物として鉱石中にも含まれており、回収は古くから行われていた。その他、インジウム、ガリウム、アンチモン、ビスマスなど多くの元素が回収されている。

　この図に記述されている元素は、非鉄製錬のプロセスに装入すれば、自動的に回収されることになるので、わざわざ別のプロセスを構築する意欲が小さくなる。正確にいうと、インジウムは従来の非鉄製錬プロセスの中で回収されているが、廃製品中に含まれる量が非常に少なく、そ

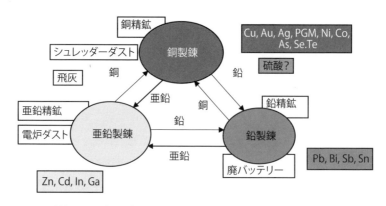

図5-1 非鉄製錬における原料（2次原料を含む）と副生レアメタルの回収

こからインジウムのみを対象とした回収は経済的に困難である。

さらに、注意が必要なのはこのシステム中では銅製錬で常に問題となるヒ素（As）、水銀（Hg）、カドミニウム（Cd）など環境規制元素を処理し、固定化している点である。非鉄製錬におけるヒ素処理の課題は意識はされていたが、世の中にデータが出てきたのは、PRTR法の施行後である。前田正史氏[3]がJST社会技術研究開発課事業「循環型社会における問題物質の環境対応処理技術と社会的解決」でデータを明らかにし、問題提起を行った。その意味でも、この非鉄製錬ネットワークを維持するのは重要なことである。

当然、貴金属は非常に高価であるので、従来の非鉄製錬とは別に回収されることも多い。

ネオジム、ジスプロシウムは本質的に輸出制限がかかる可能性が高いので、間違いなくリサイクルが成立する可能性が高いと予想される。その他の希土類元素も可能性が高いが、リチウム（Li）はまだまだ難しい状況である。自動車に使用され始めたので、間違いなくリサイクルはしなくてはいけなくなるが、リチウムを廃電池から経済合理性をもって回

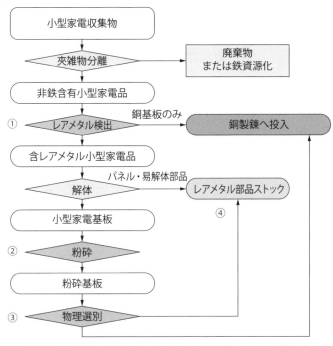

図5-2　小型廃家電からのレアメタル回収フローの考え方

収するのは現在の技術では困難である。正極剤メーカーに戻してよほど合理的な技術を開発する必要がある。特に、コバルトの使用量が減少すればなおさら困難になる。その他、最近は希土類金属やリチウム電池などがこれから伸びるであろう電子機器に多く使用されている。そのため、それらの元素のリサイクルが検討されている。

　これらのことを考えると廃電気・電子機器、将来の自動車電装部品などは、一度収集後、固体選別を行い、従来の精錬プロセスが存在する元素が多い部品とそうでない部品に分離後、それぞれに適した手法でリサイクルすることが望ましい。そのリサイクル技術の流れを廃小型電子機器を例に図5-2に示す。まずは、手解体、できれば自動化し、廃電子機器からレアメタル含有部品の選択的分離を行い、その後、非鉄製錬プロセスへ投入するのが望ましい。

レアメタルの光と影

　富を生む多くのものには、良い面と悪い面（光と影）がある。
　レアメタルに関しても同様に光と影がある。特にレアアースなどのレアメタルは、ハイテク産業には不可欠であり、それらを利用することによって莫大な富が生まれる。しかし一方で、レアメタルの採掘や製錬に伴って発生する有害物は、環境汚染の原因となり私たちの目には見えないところで、多くの深刻な問題を引き起こしている。
　レアアースをはじめとするレアメタルの資源戦略と環境制約を考える場合、光の部分よりも影の部分を正確に把握していなければ、適確な議論ができない。しかし、今の日本の社会では、これらの"影の部分"はあまり議論されずに、光の部分のみがクローズアップされて議論されることが多い。
　レアメタルの影の部分で、しっかりと考えなくてはならない重要な事象は、採掘や製錬に伴って、自然環境の破壊を引き起こすケースである。一般にはあまり知られていないが、金属資源の採掘や製錬は、環境に大きなダメージを与える。
　採掘や製錬に伴って、環境にダメージを与えるレアメタルは多くあるが、中でもレアアースはその典型例であろう。レアアースの鉱石の多くは、ウランやトリウムなどの放射性元素（NORM：Naturally Occurring Radioactive Materials）を含むものが多い。このため、NORMを含む鉱石からレアアースを抽出する場合、放射性物質を含む廃棄物が発生する。また、抽出後のレアアース原料を、金属や合金に精錬する場合、有害な酸や有機物を含む廃液やガスが発生することが多い。
　日本の環境規制はきわめて厳しいため、レアメタルの製錬に伴って発生する廃棄物や廃液、排ガスの処理に膨大なコストがかかる。このため、日本企業の多くは、原鉱石を日本へは持ち込まず、国外で精製して有害物を取り除いた化合物や合金を輸入することにより高付加価値の工

業製品を製造している。

　レアメタルを豊かな社会のために利用する以上、影の部分もしっかり見据えて海外での環境破壊を含めたグローバルな視点での企業行動をとることが重要である。しかし、日本では、影の部分はほとんど認識されていない、あるいは伏せられているのが現状である。多くの場合、影の部分は海外の直接目にすることのないところに存在し、国民は目にすることがないからである。

　知らぬが仏と割り切るのではなく、レアメタル関連の企業は光と影を的確に理解した上でグローバルに通用する適正な資源戦略を立てることが肝要である。

広大な廃棄物処分場(中国・内モンゴル自治区・包頭市公害)

溶媒抽出工場(レアアースの分離・精製工場)

溶融塩電解工場(レアアース金属・合金を製造する工場)

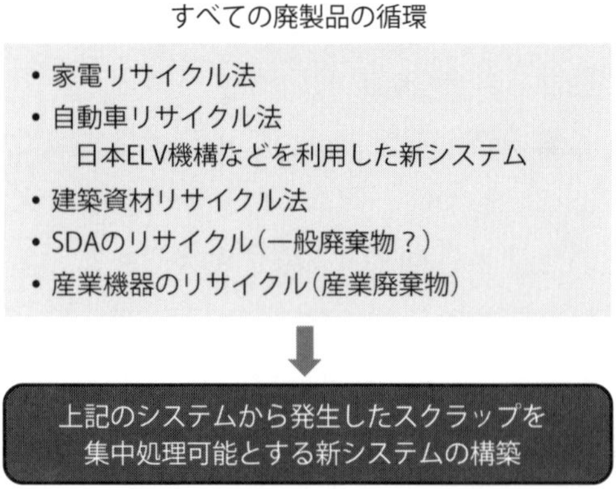

すべての廃製品の循環

- 家電リサイクル法
- 自動車リサイクル法
　日本ELV機構などを利用した新システム
- 建築資材リサイクル法
- SDAのリサイクル（一般廃棄物？）
- 産業機器のリサイクル（産業廃棄物）

上記のシステムから発生したスクラップを
集中処理可能とする新システムの構築

図5-3　レアメタル循環に必要な廃棄物回収社会システムの考え方

　レアメタルの経済合理的な循環利用を達成するのは困難であると書いたが、まったくできないわけではない。困難である理由は、量の確保が難しい点にある。逆にいえば、プロセスを回すだけの量が確保できれば、経済合理性を持って循環することが可能である。そのためには、使用されているすべての廃製品から回収することが1つのポイントである。そのことを図5-3に示す。

　レアメタルが多く使用されている廃工業製品、例えば自動車、家電、産業機器などからそれぞれ回収すれば、多くのレアメタルが循環可能となる。もちろん、非鉄製錬所で回収できるものは、非鉄製錬所に送ればよく、そうでない希土類金属などは廃製品から希土類金属が多く含まれる特定部位を固体分離し、中間産物を作製し、最終的に全国1カ所か2カ所の再生工場で再生すれば十分である。タンタルなども同様である。

　ポイントは、どのような中間産物にするか、またその収集拠点をどのようにシステムとして形成するかにかかる。そのヒントの1つは、日本ですでに長い間リサイクルを担っているベースメタルのリサイクルシステムの利用である。

5-4 世界の動き

5-4-1　EUからの循環経済の提案

　資源効率がUnited Nations Environment Program（UNEP）の資源パネルで議論されて久しい[4]。現在、EUでは「資源効率（Resource Efficiency）」の言葉から「循環経済（Circulatory Economy）」に変わりつつある。その傾向は散見できたが、それが明確になったのは、欧州委員会2014年7月に発表された「Towards a circular economy: A zero waste programme for Europe」などの文書[5]と、2015年Ellen MacAthur財団でまとめられた報告「GROWTH WITHIN: A CIRCULATORY ECONOMY VISON For A COMPETITIVE EUROPE」の出版である[6]。この報告は、Ellen MacAthur財団のEllen MacAthur氏を中心に、ドイツ郵便財団（Douche Post Foundation）のDr. Klaus Zumwinkl氏、Mckinsey環境ビジネスセンター（The Mckinsey Center for Business and Environment）のDr. Martin R, Stuchtey氏によってまとめられた。

　さらに、2015年12月にCEに関する政策パッケージが発表され、これからCEを基本概念におき、製造業のみならず情報産業も含む種々の分野でプロジェクトを進めることが明らかにされた[7]。この変更は、レアアースよりもCEの方が具体的な行動に結び付きやすいためと思われる。その中身を簡単にまとめたものを図5-4に示す。目標にはもちろん低炭素化などが含まれているが、EU内での雇用の増加も期待されている。それでは、レアメタルと循環経済の関係はどうなるであろうか。

　この本の中ですでに説明を行ったが、日本のレアメタルとEUのクリティカルミネラルでは定義が異なるので、多少の違いがある。ただ大きな意味では、資源（省資源化）—素材製造—材料—部品—最終セット製品—使用—回収—リユース・リサイクル—資源化の循環を進めていくこ

- Funding of over €650 million（約800億円）under Horizon 2020 and €5.5 billion（約6,500億円）under the structural funds;
- Actions to reduce food waste 廃棄食料の削減並びに有効利用など関する指標、ならびに技術開発 by 2030
- できるだけ1つの市場で使えるようにするquality standards for secondary raw materialsの確立
- エネルギー効率、修復性、耐久性、リサイクル性を維持するためのEcodesign working plan for 2015–2017の確立
- Arevised Regulation on fertilisers、従来の肥料と有機肥料のバランスを考慮
- A strategy on plastics in the circular economy、リサイクル性、生分解性、有害物質の添加物の排除、また海洋投棄の削減
- 水の再利用の促進 適材適水（すべてをきれいに再生しなくても使える場所に対応して再生、雨水の直接利用なども含む）

図5-4　循環経済政策の内容の概要

とになる。大きなポイントは最終セットメーカーでのエコデザインの推進と廃製品の回収システム、リサイクル技術の高度化を一体化して考えることになると予想される。特に、日本同様EUでは従来の非鉄製錬メーカーが大きな力を持っているので、それをベースに動くことになる。

　ただ、レアメタルとなるとEUでも循環経済への取り込みが容易ではない。この分野は材料開発ならびに製造で日本が世界をリードしている。例えば、最高性能のNd-Fe-B焼結磁石の製造はまだ日本が主導権を持っている。したがって、概念としての循環経済は提案できても、日本抜きで具体的な対応はできないのが現状である。その点を生かし、積極的にEUと組んでレアメタルの部分で世界規模での日本を中心とした循環経済を作り上げることが日本の産業構造上有効といえる。このようなことは民間企業のみの努力ではできないので、産官学一体となって進めるべき課題になる。

5-4-2　中国からの希土類元素標準化の提案

　2015年5月からISOの場に、突然中国から希土類元素に関する国際標準化の提案がなされた。大きな流れからいけば国際標準化は避けて通れないと思われるが、いかにも唐突の感がある。日本でも関係者間で意見交換を行い、対応を検討した結果、必ずしも積極的ではないが、標準化のための技術委員会（TC）設置に賛成した。各国の投票の結果、TCの設置が認められ、標準化が進むことになった。

　本来、希土類元素そのもののマーケットは大きくなく、多くの取引が相対取引であるために国際標準化にあまり適合しないと考えられるが、素材のマーケットは小さいが、応用範囲は多くの産業に広がり、中国を中心に日本の意見がまったく入らない国際標準ができてしまうのは日本にとって得策でないとの判断である。

　これからどのように推移するかはまったく予想できないが、日本の産業基盤としての希土類元素の流通と利用に支障をきたすことなく、また世界を相手にビジネスを進めるために必要な措置と理解し、今回のTC設置をビジネス機会の拡大と捉えて、対応することが望まれる。

5-5　レアメタル危機は乗り越えたか

　当初のレアメタル危機は乗り越えた感が強い。日米欧のレアメタル三極会議をスタートし、中国の希土類元素輸出制限に対するWTO提訴にも勝訴し、中国に対し希土類元素の輸出規制を撤廃させた事実は大きい。この最大の貢献は、実際に希土類元素の使用量を大幅に削減した企業の努力である。ただ、今回は国の支援も緊急時によく対応したと思わ

れる。しかしながら、レアメタルは前述のように供給元が限られ市場が小さく、ユーザーも限られることから、このような事態は条件さえ整えばすぐに再燃する。また、材料開発の重要性を当面のライバルである中国、韓国に認識させただけでなく、三極会議を通じてアメリカと欧州に再認識をさせた。

　日本から数年遅れて、アメリカと欧州で似たようなプロジェクトが次々とスタートした。ただし、彼らのプロジェクトの構築がレアメタルのサプライチェーンを考慮した作りになっていることに注意が必要である。日本の場合は、得意の材料開発に集中している。これからは、サプライチェーン全体を考えた対応が必要となる。それにより真のリスク管理を行うことができる。

　ただし、やはり中心にあるのは高性能の材料開発である。材料開発がないと資源確保もリサイクルも大きな効果がない。特に、リサイクルで最終使用先のスペックが明確になっていない場合は、この点は大きい。優れた新たな材料開発が重要である。特に逆説的であるが、軽希土類元素を効果的に使いこなす、材料開発が望まれる。

　レアメタルに関する現状を日本の戦略に基づいて資源、用途（材料開発）、循環使用について主に希土類元素をベースに記載した。現在、多くのレアメタル資源の供給は緩んでいる状態である。そのような中、再度本質的な元素の電子配置から引き出される機能を発揮する材料開発を進めるべきである。

　また、その際に重要なことは、資源開発、ならびに循環使用の状況を十分に考慮することである。特に、EUで議論が盛んになっている資源効率（RE）、循環経済（CE）も十分に考慮しながら、新たな材料開発を進める時期に来ている。これが再度日本のモノづくり技術の再構築に結び付く、重要な戦略といえる。

参考文献

第1章

(1) http://www.energy.gov/news/documents/criticalmaterialsstrategy.pdf
Critical Materials Strategy Summary, U.S. DEPERTMENT OF ENERGY, 2010

(2) http://www.energy.gov/news/documents/criticalmaterialsstrategy.pdf

(3) Minerals, Critical Minerals, and the U.S. Economy : Committee on Critical Mineral Impacts of the US Economy, Committee on Earth Resources, National Research Council、the National Academies Press（2007）

(4) Wedepohl,K.H. The composition of the continental crust. Geochim.Cosmochim.Acta, 59, 1217-1232（1995）:

(5) Kato、Y.、Fujinaga、K.、Nakamura、K.、Takaya、Y.、Kitamura、K.、Ohta、J.、Toda、R.、Nakashima、T. and Iwamori、H.（2011）Deep-sea mud in the Pacific Ocean as a potential resource for rare-earth elements. Nature Geoscience、vol.4、535-539.

(6) 平成18年度　総合資源エネルギー調査会鉱業分科会　資料（2006）
http://www.meti.go.jp/committee/materials/downloadfiles/g61120a04j.pdf

(7) http://www.jogmec.go.jp/metal/technology_004.html

(8) 中村崇：レアメタルと都市鉱山、化学、63（12）、28-29　2008

(9) US Department of Energy, Critical Materials Strategy（2011）

(10) http://ec.europa.eu/enterprise/policies/raw-materials/files/docs/report-b_en.pdf
Critical raw materials for the EU, Version of 30 July 2010

(11) http://ec.europa.eu/growth/sectors/raw-materials/specific-interest/critical/index_en.htm

(12) http://ec.europa.eu/growth/sectors/raw-materials/specific-interest/erecon/index_en.htm

(13) https://ec.europa.eu/growth/tools-databases/eip-raw-materials/en/content/european-innovation-partnership-eip-raw-materials

第5章

(1) 細野秀雄: 材料研究の醍醐味: All or Something; 化学と工業, 67, 570-572, （2010）.

(2) 白鳥寿一, 中村崇: 資源と素材, 122, 325, （2006）

(3) 前田正史：科学技術振興機構　社会技術研究開発公募型プログラム研究領域「循環型社会」「循環型社会における問題物質群の環境対応処理技術と社会的解決」報告書　2005年

(4) UNEP: Decoupling: natural resource use and environmental impacts from

economic growth, http://www.unep.org/resourceefficiency/Publications/Publication/tabid/444/language/en-US/Default.aspx?BookID=6195

(5) COMMUNICATION FROM THE COMMISSION TO THE EUROPEAN PARLIAMENT, THE COUNCIL, THE EUROPEAN ECONOMIC AND SOCIAL COMMITTEE AND THE COMMITTEE OF THE REGIONS Towards a circular economy: A zero waste programme for Europe /* COM/2014/0398 final */ http://eur-lex.europa.eu/legal-content/EN/TXT/?uri=celex:52014DC0398

(6) GROWTH WITHIN: A CIRCULATORY ECONOMY VISON For A COMPETITIVE EUROPE http://www.ellenmacarthurfoundation.org/news/latest-research-reveals-more-growth-jobs-and-competitiveness-with-a-circular-economy

(7) http://europa.eu/rapid/press-release_IP-15-6203_en.htm

NEDO 希少金属代替材料開発プロジェクトの成果

NEDO希少金属代替材料開発プロジェクトの成果（１）

		2006	2007	
NEDOによるレアメタル削減成果				
出来事	レアメタル	・「非鉄金属資源の安定供給確保に向けた戦略」を資源エネルギー庁が報告 ・経済産業省が「希少金属代替材料開発プロジェクト」に向けた技術・市場動向調査を実施	・文部科学省「元素戦略プロジェクト」 ・経済産業省「希少金属代替材料開発プロジェクト」実施 11月	
	国内外	1月 法回付WBC日本優勝 2月 神戸空港開港 3月 第1回WBC日本優勝 4月 電気用品安全法（PSE法）施行 4月 たかの友梨金属記憶選手連続 8月 耐震強度偽装事件に関し建築士ら逮捕 10月 冥王星が惑星から除外 国際天文学連合により、アメリカ合衆国の人口3億人突破	1月 iPhone発売 3月 「新潟県中越沖地震」（M6.8） 7月 安倍晋三首相が辞任 7月 イチロー日本人初MVP 9月 トヨタ世界一位自動車生産台数 10月 日本郵政株式会社発足 12月 社保庁の年金記録問題発生 ・サブプライムローン問題発生	

186

NEDO 希少金属代替材料開発プロジェクトの成果

2008	2009	2010
ITOターゲットと成膜方法開発等によりIn使用量を50%削減		
希土類磁石の結晶粒の微細化等によりDy使用量を30%削減		
CTiNを超硬工具の基材とする開発によりWを30%削減		
ディーゼル酸化触媒等の開発によりPGM使用量を50%削減		
精密研磨向け開発等に取り組み、Ce使用量を30%削減		
新規蛍光体の開発等によりTb、Eu使用量の70%削減		
Nd-Fe-B系磁石の代替		
	排ガス助触媒用Ceの30%削減	
	透明導電膜用Inの50%削減	
		実用化開発助成事業(W、Dy、Nd、Eu・Tb、In、Ce、PGMなど)により各企業における代替・削減技術の実用化を促進

2008	2009	2010
10月 総合資源エネルギー調査会鉱業分科会レアメタル部会	・経済産業省「レアメタル確保戦略」策定	4月 岩崎博士垂直磁気記録方式の開発により日本国際賞受賞 / 7月 経済産業省等レアアース等天然資源確保推進報告書公表 / 9月 尖閣諸島沖で中国漁船衝突事件 / 10月 報告書"クリティカルEU"ウメタルズフォー / 12月 戦略報告書 DOEクリティカル物質 ・中国輸出許可枠の削減発表

2008	2009	2010
3月 スペースシャトルエンデバーで土井隆雄が宇宙飛行 / 5月 三浦雄一郎が、日本人最高齢でエベレスト登頂 / 7月 洞爺湖サミット / 8月 北京オリンピック開催 / 9月 リーマン・ブラザーズ経営破綻 / 10月 南部陽一郎博士ノーベル物理学賞受賞 / 10月 小林博士、増川博士ノーベル物理学賞受賞	1月 新型インフルエンザ大流行 / 3月 米大統領にオバマ氏就任 全世界で / 5月 裁判員制度スタート / 6月 マイケル・ジャクソン逝去 / 6月 米代表チームがWBC覇 / 8月 民主党衆院選で圧勝、政権交代 / 9月 GM破綻 ゼネラル・モーターズ経営破綻	6月 帰還 小惑星探査機「はやぶさ」地球に達 / 7月 根岸博士、鈴木博士ノーベル化学賞受賞 / 10月 上海万博開催 / 11月 横浜でAPEC首脳会議 / 12月 東北新幹線全線開通 / 12月 アラブ金星探査機「あかつき」が金星探査に失敗 日本の春

187

NEDO希少金属代替材料開発プロジェクトの成果(2)

		2011	2012	
NEDOによるレアメタル削減成果		ディーゼル酸化触媒等の開発によりPGM使用量を50%削減		
		精密研磨向け開発等に取り組み、Ce使用量を30%削減		
		新規蛍光体の開発等によりTb、Eu使用量の70%削減		
		Nd系磁石を代替する永久磁石 →		
		実用化開発助成事業（W、Dy、Nd、Eu・Tb、In、Ce、PGMなど）により、		

出来事

レアメタル（2011）
- 10月 ☆レアアース日米欧R&Dワークショップ開催（ワシントン）
- 11月 カーン博士受賞、結晶学
- ・ライナス社が日本支援下マウントウェルド鉱山を開発
- ・クリティカルメタルインスティチュート（CMI）設立

レアメタル（2012）
- 3月 ☆第2回日米欧クリティカルマテリアルワークショップ開催（東京）
- 4月 佐川眞人博士で日本国際賞受賞
- 6月 米国レアアース規制に日中国WTOに審査要請

国内外（2011）
- 2月 中国GDPで世界2位に躍進
- 3月 東日本大震災・原発事故発生
- 3月 九州新幹線鹿児島ルート、博多駅～鹿児島中央駅全線開業
- 6月 平泉世界文化遺産に登録
- 7月 なでしこジャパンワールドカップ優勝
- 10月 タイ水害発生
- 10月 円相場が一時、1ドル=77円
- 12月 アップルスティーブ・ジョブズ氏死去

国内外（2012）
- 2月 欧州債務危機
- 4月 地震スマトラでM8.7の巨大
- 5月 国内原発50基すべて稼働停止
- 5月 東京スカイツリー開業
- 7月 買取制度開始可能エネルギー固定価格
- 9月 中国・尖閣諸島国有化に反発デモ
- 10月 山中伸弥博士がノーベル賞生理学・医学賞受賞

☆日米欧クリティカルマテリアルワークショップ　この会議は米、日本、EUの順で持ち回り開催がなされた。その結果、共同でWTOに中国を提訴し、日米欧でのスクラムが功を奏し、中国の輸出制限はWTO違反との結論が出た。

NEDO 希少金属代替材料開発プロジェクトの成果

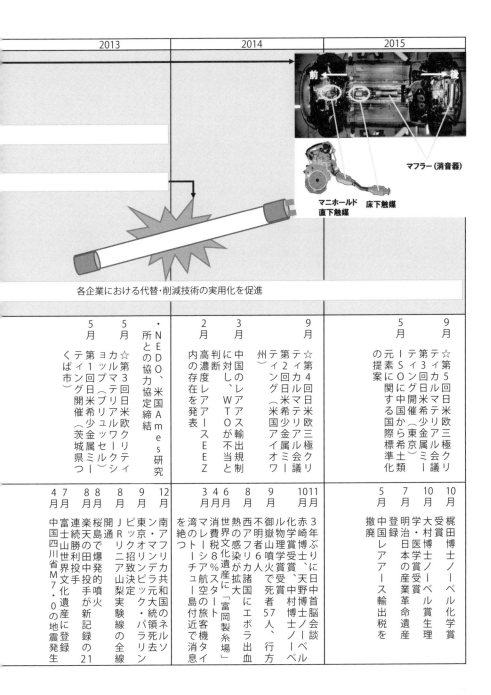

NEDO「希少金属代替材料開発等の調査検討委員会」メンバー

	〈氏　名〉	〈所属・役職〉
委員長	中村　崇	東北大学　教授
委員	岡部　徹	東京大学　生産技術研究所　副所長サスティナブル材料国際研究センター長、教授
委員	織山　純	一般社団法人 新金属協会　専務理事
委員	左藤　富士紀	双日株式会社　化学部門環境資材本部資源化学品部エレクトロマテリアル課　課長補佐
委員	竹下　宗一	株式会社三菱化学テクノリサーチ　上席研究員、元取締役
委員	築城　修治	三井金属鉱業株式会社　執行役員機能材料事業本部機能粉事業部長
委員	中村　守	国立研究開発法人 産業技術総合研究所上席イノベーションコーディネーター
委員	野田　克敏	トヨタ自動車株式会社　材料技術統括室　主査
委員	廣川　満哉	独立行政法人 石油天然ガス・金属鉱物資源機構　金属資源技術部担当審議役
委員	前田　正史	東京大学　生産技術研究所　教授
NEDO	山崎　知巳	電子・材料・ナノテクノロジー部　部長
NEDO	梅田　到	電子・材料・ナノテクノロジー部　主幹
NEDO	佐藤　仁宣	電子・材料・ナノテクノロジー部　主査
NEDO	藤本　翔一	電子・材料・ナノテクノロジー部

NEDOレポート
解説レアメタル　　　　　　　　　　　　　　　　　　NDC565

2016年2月23日　初版1刷発行　　　　　（定価はカバーに表示してあります）

Ⓒ　編　者　　国立研究開発法人　新エネルギー・産業技術総合開発機構
　　発行者　　井水　治博
　　発行所　　日刊工業新聞社
　　　　　　　〒103-8548　東京都中央区日本橋小網町14-1
　　電　話　　書籍編集部　03（5644）7490
　　　　　　　販売・管理部　03（5644）7410
　　FAX　　03（5644）7400
　　振替口座　00190-2-186076
　　URL　　http://pub.nikkan.co.jp/
　　e-mail　　info@media.nikkan.co.jp
　　製　作　　㈱日刊工業出版プロダクション
　　印刷・製本　新日本印刷㈱

落丁・乱丁本はお取り替えいたします。　　2016 Printed in Japan
　　　　　　　ISBN 978-4-526-07517-9
本書の無断複写は、著作権法上の例外を除き、禁じられています。

● 日刊工業新聞社の好評図書 ●

NEDO
水素エネルギー白書

独立行政法人
新エネルギー・産業技術総合開発機構（NEDO） 編
定価（本体3,000円＋税）　　ISBN978-4-526-07356-4

政府が水素社会の実現に向けて取り組んでいくことを明確に示すなかで、燃料電池自動車が市場に投入されるなど、水素エネルギーに対する国民の関心も高まっている。本書は、水素エネルギーを巡る国内外の状況、水素の製造、貯蔵・輸送、利用に関連する技術の状況などを網羅的かつ体系的に一冊にまとめた。

今日からモノ知りシリーズ
トコトンやさしい
スマートコミュニティの本

独立行政法人
新エネルギー・産業技術総合開発機構（NEDO） 編著
定価（本体1,400円＋税）　　ISBN978-4-526-06899-7

エネルギー源の確保や、災害に強いまちづくりなどの観点から「スマートコミュニティ」の形成が注目を浴びている。スマートコミュニティの実現には、スマートメーターや通信機器などの技術や、国や地域の特徴に応じたスタイル形成が重要。本書では、国内・海外で進められている実証プロジェクトを紹介しながら、スマートコミュニティの意義、関連技術についてわかりやすく解説する。